아폴로니우스가 들려주는 이차곡선 1 이야기

수학자가 들려주는 수학 이야기 45

아폴로니우스가 들려주는 이차곡선 1 이야기

ⓒ 송정화, 2008

초판 1쇄 발행일 | 2008년 10월 9일
초판 22쇄 발행일 | 2023년 7월 1일

지은이 | 송정화
펴낸이 | 정은영

펴낸곳 | (주)자음과모음
출판등록 | 2001년 11월 28일 제2001-000259호
주소 | 10881 경기도 파주시 회동길 325-20
전화 | 편집부 (02)324-2347, 경영지원부 (02)325-6047
팩스 | 편집부 (02)324-2348, 경영지원부 (02)2648-1311
e-mail | jamoteen@jamobook.com

ISBN 978-89-544-1588-0 (04410)

• 잘못된 책은 교환해드립니다.

아폴로니우스가 들려주는

이차곡선 1 이야기

| 송 정 화 지음 |

(주)자음과모음

수학자라는 거인의 어깨 위에서
보다 멀리, 보다 넓게 바라보는 수학의 세계!

수학 교과서는 대개 '결과'로서의 수학을 연역적으로 제시하는 경향이 강하기 때문에 학생들은 수학이 끊임없이 진화해 왔다는 생각을 하기 어렵습니다. 그렇지만 수학의 역사는 하나의 문제가 등장하고 그에 대해 많은 수학자들이 고심하고 이를 해결하는 가운데 새로운 아이디어가 출현해 온 역동적인 과정입니다.

〈수학자가 들려주는 수학 이야기〉는 수학 주제들의 발생 과정을 수학자들의 목소리를 통해 친근하게 이야기 형식으로 들려주기 때문에 학생들이 수학을 '과거 완료형'이 아닌 '현재 진행형'으로 인식하는 데 도움이 될 것입니다.

학생들이 수학을 어려워하는 요인 중의 하나는 '추상성'이 강한 수학적 사고의 특성과 '구체성'을 선호하는 학생의 사고의 특성 사이의 괴리입니다. 이런 괴리를 줄이기 위해서 수학의 추상성을 희석시키고 수학 개념과 원리의 설명에 구체성을 부여하는 것이 필요한데, 〈수학자가 들려주는 수학 이야기〉는 수학 교과서의 내용을 생동감 있게 재구성함으로써 추상적인 수학을 구체성을 갖는 수학으로 변모시키고 있습니다. 또한 중간중간에 곁들여진 수학자들의 에피소드는 자칫 무료해지기 쉬운 수학 공부에 있어 윤활유 역할을 할 수 있을 것입니다.

〈수학자가 들려주는 수학 이야기〉의 구성을 보면 우선 수학자의 업적을 개략적으로 소개하고, 6~9개의 강의를 통해 수학 내적 세계와 외적 세계, 교실 안과 밖을 넘나들며 수학 개념과 원리들을 소개한 후 마지막으로 강의에서 다룬 내용들을 정리합니다. 이런 책의 흐름을 따라 읽다 보면 각 시리즈가 다루고 있는 주제에 대한 전체적이고 통합적인 이해가 가능하도록 구성되어 있습니다.

〈수학자가 들려주는 수학 이야기〉는 학교 수학 교과 과정과 긴밀하게 맞물려 있으며, 전체 시리즈를 통해 학교 수학의 많은 내용들을 다룹니다. 예를 들어《라이프니츠가 들려주는 기수법 이야기》는 수가 만들어진 배경, 원시적인 기수법에서 위치적 기수법으로의 발전 과정, 0의 출현, 라이프니츠의 이진법에 이르기까지를 다루고 있는데, 이는 중학교 1학년의 기수법의 내용을 충실히 반영합니다. 따라서 〈수학자가 들려주는 수학 이야기〉를 학교 수학 공부와 병행하면서 읽는다면 교과서 내용의 소화 흡수를 도울 수 있는 효소 역할을 할 수 있을 것입니다.

뉴턴이 'On the shoulders of giants' 라는 표현을 썼던 것처럼, 수학자라는 거인의 어깨 위에서는 보다 멀리, 넓게 바라볼 수 있습니다. 학생들이 〈수학자가 들려주는 수학 이야기〉를 읽으면서 각 수학자들의 어깨 위에서 보다 수월하게 수학의 세계를 내다보는 기회를 갖기 바랍니다.

홍익대학교 수학교육과 교수 | 《수학 콘서트》 저자 **박 경 미**

세상의 진리를 수학으로 꿰뚫어 보는 맛
그 맛을 경험시켜 주는 '이차곡선 1' 이야기

흔히 수학은 우리 생활 곳곳에서 활용되지 않는 곳이 없으며 수학 없이는 모든 생활이 이루어지지 않을 만큼 우리 생활과 매우 밀접하게 연결되어 있다고 합니다. 여러분은 이 말이 실감나나요?

많은 학생들이 수학은 재미없고 딱딱한 과목이라고 생각합니다. 학교를 졸업하고 나면 어차피 쓰이지도 않는 수학을 왜 그렇게 오랜 시간동안 공부하냐고 불평하는 친구들도 많습니다. 더하고 빼고 곱하고 나누기만 할 줄 알면 아무런 불편함이 없는데 왜 어렵고 지루한 공식들을 외우고 수많은 문제를 풀어나가야 하는지 의구심을 갖는 친구들도 많고요. 선생님도 학교 다닐 때에 가끔 이런 생각을 하곤 했답니다. 수학을 공부하는 것은 학교 시험을 위해서, 그리고 좀 더 좋은 학교를 가기 위한 하나의 수단일 뿐이라고 생각했었지요.

우리가 이렇게 수학에 대한 편견을 갖는 것은 그동안 주로 공식 위주의 문제를 푸는 데에만 급급했기 때문이라고 생각합니다. 아무리 간단한 원리라도 곰곰이 생각하고 그것이 우리 생활에서 어떻게 활용되는지, 그리고 이런 원리들이 다른 수학적 원리와 어떻게 연결되는지를 생각하면서 수학을 공부했다면 어땠을까요? 단순히 문제풀이 위주가 아니라, 우리 생활과 주변 현상 속에서 그동안 배웠던 수학적인 내용들을 탐구해 보거나, 또는 수학적으로 비판적인 안목을 통해 그런 현상들을 표현하고 해결하면서 수학을 공부했다면 어땠을까요? 수학이 그렇게 딱딱하고 재미가 없는 지루한 과목이며, 또한 쓸데없는 과목이라는 생각을 했을까요?

대학교 언니오빠들의 수업을 하면서 가끔 질문합니다. 원과 포물선, 타원과 쌍곡선의 성질이 무엇이며 이것이 우리 생활에 어떻게 활용되는지를요. 하지만 자신있게 대답하는 사람은 그리 많지 않습니다. 물론 이런 도형들의 공식과 이것을 이용하여 푸는 문제들은 쉽게 잘 해결하고 도형의 성질들을 증명하는 것은 잘할 수 있습니다. 하지만 조금만 관점을 바꾸어 우리 생활 주변과 관련지어 생각하게 했을 때에는 대부분 대답을 잘하지 못했습니다.

이 책에서는 원뿔곡선에 대한 내용을 소개하면서 이런 내용들이 우리 생활 속에서 어떻게 활용되는지를 여러 차원에서 보여주고 있습니다. 단순하게 학교 수학에서 입시용으로만 쓰이는 죽은 수학이 아니라, 우리 주변에서 생생하게 경험하고 느끼고 부딪힐 수 있는 살아있는 수학을 담으려 노력했습니다.

아마도 여러분은 이 책을 읽으면서 그동안 여러분이 수학에 대해 가졌던 편견을 날려 보낼 수 있을 것이라 생각합니다. 우리가 미처 생각하지 못했던 작은 것에도 수학이 숨어 있으며, 우리가 학교에서 배우는 수학이 바로 이것의 토대가 된다는 것을 깨달을 수 있다면 좋겠습니다. 그리고 수학이라는 학문이 얼마나 유용하고 아름다운 학문인지를 만끽하길 바랍니다.

2008년 10월 송 정 화

차례

1 이 책은 달라요

《**아폴로니우스**가 들려주는 **이차곡선 1 이야기**》는 고등학교 수학 Ⅱ 에서 주로 다루어지는 이차곡선의 내용을 공식과 증명 위주로 딱딱하게 다루기보다는, 우리 생활 속에서 흔히 접할 수 있는 소재를 이용하여 학생들이 이해하기 쉽고 재미있게 읽어나갈 수 있도록 설명 하였습니다. 특히 이 책에서는 수학적 개념과 내용들이 우리 생활 속에 서 어떻게 활용되고 있는지를 상세하게 설명하였습니다. 이를 통해 학 생들은 수학의 유용성과 가치를 다시 한번 깨닫게 될 것입니다.

2 이런 점이 좋아요

1 학생들이 단순히 책의 내용만 수동적으로 읽어나가는 것이 아니 라, 활동을 통해 개념을 확인하고 이해할 수 있도록 하였습니다. 이를 통해 학생들은 능동적으로 개념을 구성하게 되고, 흥미와 지 적 호기심을 충족시킬 수 있습니다.

2 이 책에서는 학교에서 다루는 원뿔곡선에 대한 일반적인 내용과 더불어, 수학사에서 원뿔곡선이 어떻게 발전되어 왔고, 어떤 성질들을 가지고 있는지, 그리고 생활 속에서 원뿔곡선이 어떻게 적용되며 그때 적용하는 성질들이 무엇인지를 수학적으로 분석하는 등 학교 수학에서 다루고 있지 않은 내용들도 함께 다루었습니다. 따라서 학교 수학에서 관련된 단원을 학습할 때 많은 면에서 참고자료로 쓰일 수 있습니다.

3 소재 자체가 고등학교 수학 Ⅱ에서 주로 다루어지는 것이고, 어려운 공식이 중간중간 나옵니다. 하지만, 초등학교와 중학교 학생들에게는 원뿔곡선을 접할 수 있는 기회를 제공하고, 이를 통해 수학적인 인식과 지식을 한층 더 넓힐 수 있도록 해줍니다. 원뿔곡선의 내용을 설명하기 위해 도입한 내용들은 관련된 교과 내용의 수행평가 자료로도 활용할 수 있습니다.

4 고등학교 학생들에게는 원뿔곡선에 대한 기본적인 내용을 점검할 수 있는 기회를 제공합니다. 또한 수리논술 대비 자료로도 활용될 수 있습니다.

3 교과 과정과의 연계

구분	단계	단원	연계되는 수학적 개념과 내용
초등학교	3-나	원의 구성요소	원의 중심, 반지름
	6-나	여러 가지 입체도형	원뿔, 원기둥
		원주율과 원의 넓이	원의 넓이
		원기둥의 겉넓이와 부피	원기둥의 겉넓이, 부피
중학교	7-나	간단한 작도	작도
		입체도형의 성질	원뿔, 구
		입체도형의 겉넓이와 부피	원기둥의 겉넓이와 부피, 구의 겉넓이와 부피
	9-가	이차함수의 그래프	포물선, 축, 꼭짓점
	9-나	원의 성질	원의 성질
고등학교	10-나	원의 방정식	원의 방정식
	수학Ⅱ	이차곡선	포물선의 뜻, 포물선의 방정식 타원의 뜻, 타원의 방정식 쌍곡선의 뜻, 쌍곡선의 방정식

4 수업 소개

첫 번째 수업_원뿔 속에 숨은 곡선-내 안에 곡선 있다!

우리 생활 주변에서 친근하게 접할 수 있는 소재를 이용하여 원뿔 속에 숨은 곡선들을 탐구해 갑니다. 그리고 직접 원뿔을 잘라 보는 활동을 통해서 원뿔에서 만들어질 수 있는 곡선들을 살펴봅니다.

• 선수 학습 : 원뿔, 원

- 공부 방법 : 손전등을 종이에 비추거나 고깔모자에 물을 담는 실험을 통해서 원뿔을 잘랐을 때 단면이 무엇이 나오는지 직접 확인합니다. 이 수업을 통해서 원뿔곡선이 무엇을 의미하는지, 그리고 원뿔곡선은 어떻게 만들어지는지를 공부합니다. 단, 타원, 포물선, 쌍곡선의 정의와 그에 대한 상세한 설명은 이후 수업에서 배우게 될 것이므로 이 수업에서는 일상생활에서 말하는 것과 같이 직관적으로만 이해합니다.
- 관련 교과 단원 및 내용
  - 초등학교 6-나의 '여러 가지 입체도형' 중 원뿔을 학습할 때 활용할 수 있습니다.
  - 고등학교 수학 Ⅱ의 '이차곡선' 학습 시 도입 내용으로 활용할 수 있습니다.

두 번째 수업_원뿔곡선의 기원-3대 작도 불능 문제

원뿔곡선이 만들어지게 된 배경을 고대 그리스 시대까지 거슬러 올라가 재미있는 수학사를 통해서 알아봅니다.

- 선수 학습 : 작도의 의미, 입체도형의 성질, 입체도형의 겉넓이와 부피, 닮음비와 부피비
- 공부 방법 : 3대 작도 불능 문제가 무엇인지 확인하고 이것을 연구하던 중 우연하게 원뿔곡선이 만들어졌음을 이해합니다. 수업에서

소개된 델로스의 수수께끼를 풀어보면서 여러분도 원뿔곡선이 나오게 된 배경에 함께 참여해 보세요.

- 관련 교과 단원 및 내용
  - 중학교 7-나에서 '간단한 작도'를 학습할 때 참고 자료나 읽기 자료로 3대 작도 불능 문제를 활용할 수 있습니다.
  - 중학교 7-나에서 '입체도형의 겉넓이와 부피' 학습 시 활용할 수 있습니다.

세 번째 수업 _ 원뿔곡선의 발명

원뿔곡선이 역사적으로 어떻게 발전되어 지금의 원뿔곡선이 되었는지를 알아봅니다.

- 선수 학습 : 원뿔, 원
- 공부 방법 : 수업 내용을 읽어가면서 원뿔곡선이 어떻게 일반화되고 통합되었는지를 알아봅니다. 이 과정에서 수학이란 어느 순간에 완성된 것이 아니라 끊임없는 연구와 노력의 결실로 이루어진 것임을 느껴봅니다. 그리고 원뿔곡선의 이름의 유래를 통해서 원뿔곡선이 생기는 원리를 다시 한번 정리해 봅니다.
- 관련 교과 단원 및 내용
  - 고등학교 수학 Ⅱ의 '이차곡선' 학습 시 도입 내용이나 참고 자료, 또는 읽기 자료로 활용할 수 있습니다.

네 번째 수업 _원의 정의와 원의 방정식

지금까지 원뿔곡선의 원리와 역사를 알아보았다면 이번 수업시간부터는 원뿔곡선 하나하나에 초점을 맞추어 알아봅니다. 이 수업에서는 원의 정의와 그 방정식에 대해 공부합니다.

- 선수 학습 : 점과 좌표, 점과 점 사이의 거리
- 공부 방법 : 원의 정의가 수학적으로 무엇인지 알아보고 정의를 이용하여 원을 방정식으로 나타내어 봅니다. 여러 가지 원을 방정식으로 나타내고, 반대로 방정식으로 나타낸 원을 좌표평면에 그려보면서 어떤 원을 의미하는지도 함께 알아봅니다.
- 관련 교과 단원 및 내용
- 고등학교 10-나의 '원의 방정식' 과 직접적으로 연결됩니다.

다섯 번째 수업 _생활 속 원의 정의의 활용-덜커덕거림 없이 안전하게!

우리 생활 속에서 원이 어떻게 활용되는지를 알아봅니다.

- 선수 학습 : 원의 구성요소, 원의 정의
- 공부 방법 : 앞에서 공부했던 원의 정의가 생활 속에서 어떻게 활용되는지를 공부합니다.

삼각형, 사각형, 오각형, 육각형, 원으로 된 바퀴 등을 비교하면서 바퀴의 모양이 원인 이유를 여러 가지 각도에서 생각합니다. 이를 통해 수학의 유용성을 느껴봅니다.

- 관련 교과 단원 및 내용

  - 초등학교 3-나의 '원의 구성요소'에서 활용할 수 있습니다.

여섯 번째 수업_생활 속 원의 성질의 활용-넓게 더 넓게……

여러 도형 중에서 같은 둘레를 가질 때 최대 면적을 갖는 것이 원임을 직접 확인하고 이 성질이 우리 생활 속에서 어떻게 활용되는지 알아봅니다.

- 선수 학습 : 피타고라스의 정리, 평면도형의 둘레와 넓이, 입체도형의 겉넓이와 부피

- 공부 방법 : 여러 도형들의 둘레와 넓이를 서로 비교하면서 최대 면적을 갖는 것이 왜 원이 되는지를 이해합니다. 그리고 우리 주변에서 이런 성질들을 이용한 것에는 무엇이 있는지 더 알아봅니다. 이를 통해 수학은 생활과 멀리 떨어진 것이 아니라 우리 생활 곳곳에서 이용되고 있는 매우 유용하고 아름다운 학문임을 느껴봅니다.

- 관련 교과 단원 및 내용

  - 초등학교 6-나의 '원기둥의 겉넓이와 부피' 단원과 연결됩니다.

  - 중학교 7-나의 '입체도형의 겉넓이와 부피' 학습 시, 또는 수행 평가 자료로 활용할 수 있습니다.

일곱 번째 수업 _포물선의 정의와 포물선의 방정식

포물선의 의미와 정의, 그리고 포물선의 여러 가지 형태와 그에 따른 방정식을 구해 봅니다.

- 선수 학습 : 점과 좌표, 점과 점 사이의 거리
- 공부 방법 : 포물선의 정의를 주의 깊게 살펴보고, 이를 이용하여 포물선의 방정식을 어떻게 구해 나가는지 공부해 갑니다. 초점과 준선의 위치에 따라 포물선의 모양과 방정식이 어떻게 바뀌게 되는지도 알아봅니다. 그리고 원뿔곡선을 왜 이차곡선이라 하는지, 원의 방정식과 포물선의 방정식이 서로 공통된 점과 차이점은 무엇인지를 알아봅니다.
- 관련 교과 단원 및 내용
  - 중학교 9-나에서 '이차함수의 그래프' 도 포물선의 한 형태임을 이해합니다.
  - 고등학교 수학 Ⅱ의 '포물선의 방정식' 과 직접적으로 연결됩니다.

여덟 번째 수업 _포물선 만들어 보기

포물선의 정의를 이용해서 포물선을 어떻게 그리는지를 알아봅니다.

- 선수 학습 : 삼각형의 합동조건
- 공부 방법 : 포물선의 정의를 이용하여 책에서 설명한 바와 같이 직접 포물선을 그려봅니다. 그림을 그리는 데 그치지 말고, 그린

그림이 왜 포물선이 되는지를 생각하고 이를 수학적으로 증명해 봅니다.

- 관련 교과 단원 및 내용
  - 고등학교 수학 Ⅱ에서 '포물선의 방정식'과 직접적으로 연결됩니다. 수업시간에 활용할 수 있으며 수행평가 자료로도 활용할 수 있습니다.

아홉 번째 수업_생활 속에서 찾아보는 포물선

- 선수 학습 : 포물선의 정의
- 공부 방법 : 포물선에는 어떤 성질이 있으며, 이런 성질들이 우리 생활 속에서 어떻게 이용되는지를 통해서 수학의 유용성과 심미성을 느껴 봅니다.
- 관련 교과 단원 및 내용
  - 고등학교 수학 Ⅱ에서 '포물선의 방정식' 학습 시 읽기 자료나 학습 자료로 활용할 수 있습니다.

아폴로니우스를 소개합니다

Apollonius (B.C.262?~B.C.200?)

나는 그리스 수학을 최고조에 이르도록 기여했습니다.

그 시기가 그리스 수학의 황금기였지요.

난 수학, 천문학 등 많은 것을 연구했답니다.

하지만, 지금까지 전해오는 책은 《원뿔곡선론》뿐이지요.

원뿔을 잘랐을 때 생기는 곡선에는

원, 포물선, 타원, 쌍곡선이 있습니다.

내가 이 곡선들에 대한 내용을 완성시킨 덕에

많은 곳에서 곡선들이 사용되고 있지요.

여러분, 나는 아폴로니우스입니다

안녕하세요. 난 아폴로니우스라고 합니다. 내 이름을 처음 들어 본 친구들도 많겠지요. 난 고대 그리스의 수학자 중 한 명으로 유클리드, 아르키메데스와 더불어 그리스 수학을 최고조에 이르도록 기여했답니다. 사람들은 이 시기를 그리스 수학에서 황금시대라고 부를 정도였으니까요.

사실 난 수학과 천문학의 여러 분야에서 많은 것을 연구했지만 나에 대한 기록과 내가 쓴 책들은 안타깝게도 지금 남아 있는 것이 거의 없답니다. 나의 업적 중에서 유일하게 《원뿔곡선론》이라는 책만이 지금까지 남아 있을 뿐입니다. 그럼에도 불구하고 내가 지금까지 그리스 시대의 위대한 수학자로 인정받고 있는 것은 오늘날 알려진 원뿔곡선의 성질과 그 응용의 대부분은 내가 발견한 것들이기 때문입니다.

내가 쓴 《원뿔곡선론》은 모두 8권으로 이루어져 있습니다. 1권부터 4권까지는 그 당시 여러 수학자들이 다루었던 원뿔곡선의 기본적인 성질에 관한 내용이고, 5권부터 7권까지는 기존과는 다르게 획기적이고 독창적인 내용입니다. 그럼 8권은 어떤 내용이냐고요? 아쉽게도 마지막 8권은 없어졌다고 하네요.

어쨌든 난 원뿔곡선, 즉 원뿔을 잘랐을 때 생기는 곡선인 원, 포물선, 타원, 쌍곡선에 관한 수학적인 내용을 완성시키는 데 크게 기여하였으며, 또한 이런 용어들을 처음으로 소개하였습니다. 그리고 난 이런 원뿔곡선에 관한 내용을 바탕으로 천문학에 대해 연구하는 것도 매우 즐겼답니다.

내가 활동할 당시 아르키메데스라는 수학자도 함께 활동했습니다. 아르키메데스는 세계 3대 수학자 중 한 명으로 꼽힐 만큼 아주 위대하고 훌륭한 업적을 많이 세운 수학자이자 과학자랍니다.

아르키메데스는 나보다 스물다섯 살이나 많았지만 난 아르키메데스를 매우 존경하였으며 학문적 라이벌로 생각했답니다.

그래서 아르키메데스가 연구했던 문제와 비슷한 문제들을 연구하곤 했지요. 아르키메데스의 업적 중 하나가 원주율의 값을 지금과 같이 유사하게 구했다는 것인데, 나도 여기에 몰두하여 아르키메데스보다 좀 더 정확한 원주율의 근삿값을 계산하기도 했답니다.

내가 연구했던 것들이 많이 남아 있지 않아 아쉽기는 하지만, 그래도 원뿔곡선에 대한 내용이 남아 있어 얼마나 다행인지 모릅니다. 지금부터 원뿔곡선은 무엇이고, 이것들이 어떻게 발달되어 왔는지, 그리고 이것들의 성질은 무엇인지에 대해 함께 공부할 것입니다. 자, 그럼 여행을 떠나볼까요?

아폴로니우스가 들려주는 이차곡선 1 이야기

《원뿔곡선론》은 총 8권입니다.

1권부터 4권은 원뿔곡선의 기본적인 성질, 5권부터 7권은 획기적이고 독창적인 내용이죠.

총 8권이라면서 8권은요?

아쉽게도 8권은 전해지지 않아요.

나는 원뿔곡선 즉, 원뿔을 잘랐을 때 생기는 곡선인 원, 포물선, 타원, 쌍곡선에 관한 수학적인 내용을 완성시키고 이런 용어들을 처음으로 소개했습니다.

내 라이벌은 나보다 스물다섯 살 많은 아르키메데스였습니다.

아르키메데스님이 원주율을 구했다고? 나는 더 정확한 원주율 값을 계산하겠어.

자, 지금부터 의외로 유명하고 훌륭한 나와 함께 원뿔곡선 여행을 떠나도록 합시다.

아폴로니우스를 소개합니다

27

원뿔 속에 숨은 곡선
– 내 안에 곡선 있다!

원뿔을 여러 가지 방법으로 잘라 보면서 원뿔에서
만들 수 있는 곡선은 무엇이 있는지 알아봅니다.

원뿔을 잘랐을 때 어떤 곡선들이 생기는지 알아봅니다.

미리 알면 좋아요

원뿔 삼각형에서 밑변이나 높이를 회전축으로 하여 한 바퀴 회전한 회전체를 말합니다. 원뿔의 뾰족한 점을 원뿔의 꼭짓점이라 하고, 원뿔의 꼭짓점에서 밑면에 수직으로 그은 선분의 길이를 원뿔의 높이라고 합니다. 원뿔의 꼭짓점과 밑면인 원둘레의 한 점을 이은 선분을 모선이라고 합니다. 원뿔의 모선은 무수히 많고, 원뿔의 모선의 길이는 모두 같습니다.

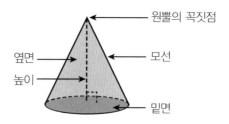

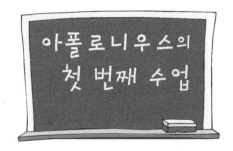

아폴로니우스의
첫 번째 수업

　오늘은 방송국 견학 가는 날! 아폴로니우스는 아이들과 아침 일찍부터 서둘렀습니다.

　드디어 방송국에 도착하였네요! 아폴로니우스와 아이들은 안내에 따라 방송국 시설을 돌아보았습니다. 그러던 중 가요 프로그램 녹화 방송 찍는 곳에 도착하였습니다.

　여러분들은 여러 인기 가수들이 나와서 노래도 부르고 춤도 추는 가요 프로그램을 무척 좋아하지요? 여러분들이 평소에 즐겨 보던 이런 공연 무대에서도 얼마든지 수학적인 내용을 찾아볼 수 있답니다. 그럼 과연 무대에서 어떤 수학적인 내용이 있는지 한 번 이야기해 볼까요?

아이들은 각각 아폴로니우스의 질문에 대답하였습니다.

"선생님, 조명이 무대 바닥을 비출 때 그 모양이 모두 달랐어요. 어떤 조명은 바닥을 원 모양으로 비추고, 다른 조명은 약간 찌그러진 원 모양으로, 그리고 또 어떤 것은 둥그런 곡선 모양으로 비추었어요."

"맞아요! 바닥이 기울어져 있으면 좀 찌그러진 둥그런 모양이었고요, 평평한 바닥에서는 원 모양이었고, 어떤 것은 그냥 둥그런 곡선 모양이었고······. 바닥의 모양에 따라 달라졌어요."

"아까 가수 ○○이 노래할 때 무대 전체가 깜깜했잖아요. ○○가 노래하면서 움직일 때마다 위에서 조명 하나가 계속 각도를 바꿔가면서 ○○를 비추었는데요. 그때 바닥에 생기는 빛의 모양도 모두 달랐어요."

오늘은 신나는
방송국 견학입니다.

와! 신난다.

어서 가고
싶어요.

○○방송국

와! 여기는 인기
가요 녹화장이야.

내가 제일 좋아하는
가수가 나왔어.

조명이 엄청
화려하다!

재미있었나요?

춤을 너무
잘 춰요.

음악도
신났어요.

여러분들이 좋아하는
인기 가요 공연을 보면서도
얼마든지 수학적인 내용을
찾아볼 수 있었어요.

무대엔 어떤 수학적
내용이 있었죠?

조명이 무대 바닥을
비출 때 그 모양이
모두 달랐어요.

첫 번째 수업

33

맞아요! 바닥이 기울어져 있으면 좀 찌그러진 둥그런 모양이었고, 평평한 바닥에서는 원 모양이었어요.

어떤 건 그냥 둥그런 곡선 모양이었고요. 바닥의 모양에 따라 달랐어요.

○○이 등장할 때는 무대 전체가 깜깜했는데 노래를 부르며 움직일 때마다 조명이 따라가며 비추니까 바닥에 생기는 빛의 모양이 모두 달랐어요.

무대 조명 불빛 속에 여러 가지 도형들이 숨어 있는 것 같았어요!

모두 맞아요! 여러분들은 바로 원뿔 속에 숨은 곡선을 찾은 겁니다.

아폴로니우스가 들려주는 이차곡선 1 이야기

"그러고 보니 무대 조명 불빛 속에 여러 가지 도형들이 숨어있는 것 같아요! 무대 불빛 속에서 곡선 모양의 도형들을 찾을 수 있었어요."

아폴로니우스 선생님은 아이들의 말이 모두 맞다고 칭찬하면서 수업을 시작하였다.

여러분은 바로 원뿔 속에 숨은 곡선을 찾은 것입니다. 빛이 직진하는 성질이 있다는 것은 모두 알고 있지요? 이런 빛의 원리에 의해 천장의 무대 조명 빛은 직진하면서 퍼지게 되고, 이때 빛이 퍼지는 모양은 마치 원뿔과 같게 됩니다. 그리고 여러분이 이야기한 곡선들은 바로 이런 원뿔에서 만들어지는 것들이고요. 이해가 되지 않는다고요? 지금부터 나와 함께 하나하나 알아보자고요.

여러분은 '원뿔' 하면 어떤 것들이 떠오르나요? 맛있는 아이스크림콘, 생일 파티 때 쓰는 고깔모자가 먼저 떠오르지요? 그리고 여러분이 좋아하는 과자 중에도 원뿔 모양이 있네요. 또 무엇이 있을까요? 과학 시간에 쓰는 깔때기, 동화책 속에서 자주 등장하는 공주님이 사는 궁전의 지붕도 원뿔 모양입니다. 양초, 크리스마스트리 중에서도 원뿔 모양인 것들이 있지요. 그럼 이런 원뿔을 자세하게 관찰하여 봅시다.

원뿔을 이리 저리 돌려 보고 관찰하면서 숨어 있는 곡선을 찾아봅시다. 우선 원뿔을 '옆에서 본 모양'은 무엇이 될까요? 바로 삼각형 모양이 됩니다. 그렇다면 '위에서 본 모양'과 '아래에서 본 모양'은 무엇이 될까요? 이 두 가지 경우에는 아래와 같이 원이 됩니다. 이렇게 원뿔에서 가장 쉽게 찾을 수 있는 곡선은 바로 원이랍니다. 그럼 원뿔 속에 숨은 곡선은 단순하게 원 하나일까요?

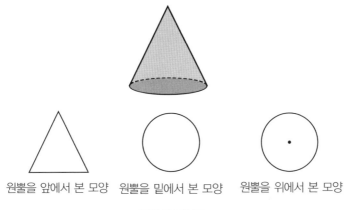

원뿔을 앞에서 본 모양   원뿔을 밑에서 본 모양   원뿔을 위에서 본 모양

원뿔의 겨냥도

진짜 그런지 원뿔을 여러 가지 방법으로 잘라봅시다.

아폴로니우스는 원뿔 모양의 모형을 가지고 와서 여러 가지 방법으로 잘랐습니다. 그리고 그 단면들을 차례대로 늘어놓아 아이들에게 보여주었습니다.

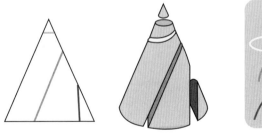

원뿔의 자른 면을 앞에서 본 모양

단면의 모양

자른 단면을 하나하나 볼까요? 어떤 각도로 잘랐느냐에 따라 그 단면의 모양이 모두 다르지요? 먼저 그림에서 제일 꼭대기에 있는 것처럼 밑면과 평행하게 자르면, 단면은 원 모양이 됩니다. 두 번째와 같이 원뿔의 모선과 밑면이 이루는 각도보다 더 작게 자르면, 단면은 찌그러진 길쭉한 원 모양이 됩니다. 이런 도형을 수학에서는 타원이라 부릅니다.

세 번째와 같이 모선과 밑면이 이루는 각도와 같은 각도로, 즉 모선과 평행하게 자르면, 단면은 구부러진 곡선이 나옵니다. 수학에서 이런 모양의 도형을 포물선이라 부릅니다.

마지막으로 모선과 밑면이 이루는 각도보다 더 큰 각도로 자른 네 번째를 살펴보죠. 단면은 세 번째와 마찬가지로 구부러진 곡선 모양을 하고 있긴 하지만 위로 올라갈수록 벌어진 정도가 점점 더 커집니다. 수학에서 이런 모양의 도형을 쌍곡선이라 부릅니다. 그런데 쌍곡선이라면 곡선이 쌍으로, 다시 말해 2개씩 나와야 하는데 그림에서는 하나만 보여 이름과 조금 안 어울리지요? 그것은 다음 시간에 자세하게 설명할게요.

어쨌든 원뿔에는 원, 타원, 포물선, 쌍곡선과 같은 곡선들이 숨어 있습니다. 우리는 이런 도형을 원뿔곡선이라 부르기도 합니다.

앞에서 우리 친구들이 무대 조명에서 여러 가지 곡선을 찾아냈습니다. 이것을 원뿔곡선과 관련지어 생각해 볼까요? 먼저 평평한 바닥에 비친 불빛의 모양은 원 모양이었지요? 이것은 원뿔에서 밑면과 평행하게 자른 단면과 같은 원리가 적용되기 때문이랍니다.

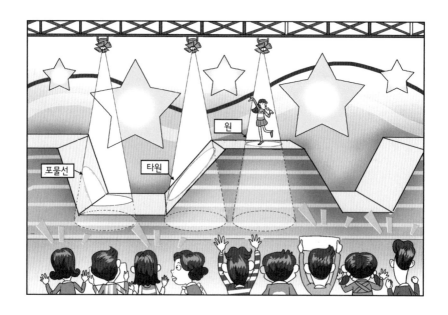

그리고 기울어진 바닥면에서 조명 불빛의 모양은 원뿔을 비스듬하게 잘랐을 때와 같은 원리가 적용됩니다. 원뿔에서 밑면과 모선과의 각도보다 더 작은 각도로 잘랐을 때 타원 모양이 나왔

아폴로니우스가 들려주는 이차곡선 1 이야기

지요. 마찬가지로 무대 바닥면의 각도가 조명 빛의 각도보다 더 작으면 타원, 평행하면 포물선, 만약 더 크다면 쌍곡선으로 비추게 되는 것입니다.

마지막으로 천장에 있는 조명 하나가 방향을 바꾸어서 이리저리 비추게 될 때에도 조명이 바뀌는 방향에 따라 바닥과 이루는 각도가 달라지므로 바닥을 비추는 모양도 바뀌게 되는 것입니다.

여러분도 직접 원뿔을 잘라서 진짜 그렇게 되는지 직접 눈으로 확인하고 싶지요? 하지만 주변에서 원뿔 모양의 모형을 구하는 것이 쉽지 않고, 또한 원뿔과 비슷하게 생긴 물건 중에서도 자를 만한 것이 없어 답답하다고요? 하지만 걱정하지 말아요.

여러분이 쉽게 구할 수 있는 물건으로 아주 간단하게 원뿔곡선을 눈으로 직접 확인할 수 있는 방법을 가르쳐 줄테니……. 여러분, 집에 손전등 하나씩 다 가지고 있지요. 그렇다면 손전등과 두꺼운 종이 한 장을 준비해 보세요. 단 종이는 크기가 A4 이상인 것을 준비하고, 손전등은 불빛이 나오는 직경 부분이 너무 크지 않은 것으로 준비해야 곡선의 모양을 잘 관찰할 수 있습니다.

아폴로니우스가 들려주는 이차곡선 1 이야기

원뿔곡선을 직접 관찰해 보아요!-1

✓ 따라해 보세요!

① 종이 한 장을 평평한 바닥에 놓고, 한쪽 변만 테이프로
고정시킵니다.

② 손전등을 종이 바로 위에서 수직으로 비춰보세요. 종이
에 불빛이 어떤 모양으로 비춰나요?

🧑 : 이때 손전등은 될 수 있으면 종이 가까이에서 비춰
야 합니다. 손전등이 종이와 멀리 떨어져 있으면 불
빛이 희미해지고 너무 커져서 그 모양을 잘 관찰할
수 없기 때문입니다.

③ 이번에는 손전등은 움직이지 말고, 종이에서 테이프로
고정시키지 않은 쪽을 잡고 바닥에서 점점 세우면서 불
빛을 비춰보세요. 종이가 세워지는 각도에 따라 종이 위
에 나타나는 불빛의 모양이 점점 어떻게 바뀌나요?

여러분이 위에서 했던 실험은 직접 원뿔을 자른 것은 아닙니
다. 하지만 손전등 불빛이 원뿔 모양이고, 종이가 불빛을 차단했
다는 점에서 원뿔을 자르는 역할을 한 것입니다. 그래서 원뿔을
잘랐을 때 생기는 단면을 관찰하는 것과 같다고 할 수 있습니다.

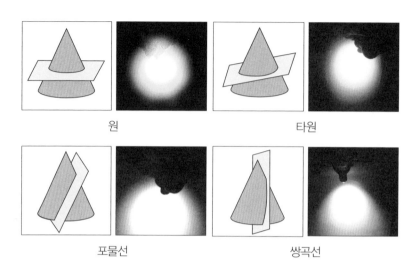

원	타원
포물선	쌍곡선

종이가 바닥면과 이루는 각도에 따라 바뀌는 불빛의 모양

불빛으로 확인하기가 어렵다면, 다음과 같이 고깔모자를 이용하여 관찰할 수도 있습니다.

 원뿔곡선을 직접 관찰해 보아요!-2

✓ **따라해 보세요!**

① 고깔모자를 하나 준비합니다.

② 색깔이 있는 음료수를 고깔모자에 담습니다.

③ 고깔모자를 다양한 각도로 기울여서 음료수의 경계면이 그리는 곡선들을 관찰해 봅시다.

아주 간단하게 보이던 원뿔에 이렇게 다양한 곡선들이 숨어 있다는 것이 신기하지요? 이런 원뿔곡선들은 수학에서 그 자체로 아주 중요하지만 우리 생활 주변에서도 많이 활용된답니다. 그런데 아직 타원이다, 포물선이다, 쌍곡선이다 하는 말이 익숙하지도 않고 이런 곡선들이 정확하게 어떤 것을 말하는지 잘 모르겠다고요?

하지만 걱정하지 말아요. 이번 시간에 공부한 것들은 원뿔곡선을 소개하기 위해 대략적으로 알아본 것뿐이니까요. 자세한 것들은 앞으로 하나하나 공부하면서 알아보도록 해요.

첫 번째
수업 정리

❶ 원뿔을 어떤 평면으로 잘랐을 때 그 단면에 생기는 곡선들을 원뿔곡선 또는 원추곡선이라고 합니다.

❷ 원뿔곡선에는 원뿔을 자르는 단면의 각도에 따라 원, 타원, 포물선, 쌍곡선이 있습니다. 자르는 단면이 밑면과 평행하면 원이 되고, 모선과 밑면이 이루는 각도보다 작으면 타원, 같으면 포물선, 더 크면 쌍곡선이 됩니다.

원

타원

포물선

쌍곡선

원뿔을 자른 모습　　　**단면의 모양**

원뿔곡선의 기원
- 3대 작도 불능 문제

원뿔곡선이 나오게 된 배경은 무엇인지, 그리고 원뿔곡선
에 대한 이론은 어떻게 발달되었는지 알아봅니다.

3대 작도 불능 문제가 무엇인지를 알고 이것이 원뿔곡선의 기원이 됨을 이해합니다.

미리 알면 좋아요

1. 정육면체의 부피 한 변의 길이를 a라 하면 부피는 a^3입니다.

2. 닮음비와 넓이비, 부피비 어느 두 도형이 닮음비가 $a:b$로 서로 닮았을 때 넓이비는 $a^2:b^2$이고 부피비는 $a^3:b^3$입니다.

그림 (1)에서 색이 칠해진 직사각형 AEFG와 전체 사각형 ABCD는 닮음비가 1:2로 서로 닮은 도형입니다. 두 도형의 넓이비는 그림에서 보는 바와 같이 $1:4=1^2:2^2$입니다.

그림 (2)에서 두 정육면체는 닮음비가 1:2로 서로 닮은 도형입니다. 두 도형의 부피비는 그림에서 보는 바와 같이 $1:8=1^3:2^3$입니다.

(1)

(2)

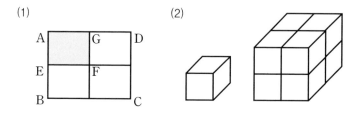

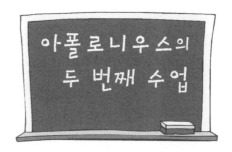

오늘은 원뿔곡선이 어떻게 생기게 되었는지 그 기원과 함께 배경을 함께 알아보도록 합시다.

원뿔곡선에 대한 기원은 바로 고대 그리스 시대의 작도에서 비롯되었다고 할 수 있습니다. 고대 그리스 인들은 눈금 없는 자와 컴퍼스를 이용하여 도형 그리는 일을 즐겼고 그것을 매우 중요하게 생각하였는데요. 이렇게 '눈금 없는 자와 컴퍼스를 가지고 도형을 그리는 것'을 작도라고 합니다.

그런데 작도를 할 때에는 조건이 있습니다. 바로 눈금 없는 자와 컴퍼스 이외에 다른 도구는 절대로 이용하면 안 된다는 것입니다. 같은 자라고 해도 눈금이 있는 자는 물론 안 되고요. 좀 까칠하지요?

이렇게 도형을 눈금 없는 자와 컴퍼스만을 이용하여 그리는 데에는 나름대로 그리스 인들의 철학이 숨어 있습니다. 작도에서 쓰이는 눈금 없는 자는 직선을 의미하고, 컴퍼스는 원을 그릴 수 있으므로 원을 의미합니다. 그리스 인들은 직선과 원을 가장 기본적이면서 이상적이고 완전하면서도 아름다운 도형으로 생각했습니다. 또한 수학이 일반적이고 추상적이라는 그들의 신념에 따라서 최소한의 조건으로 모든 도형을 그리려고 했던 것입니다. 어쨌든 어떤 도형을 작도하는 문제는 오랫동안 사람들의 흥밋거리였고 수학적으로도 매우 중요했답니다.

그런데 여러 작도 문제 중에서 고대 그리스 시대부터 사람들의 골치를 매우 아프게 했던 세 문제가 있었습니다. 아무리 작도를 하려 해도 작도가 절대로 되지 않는 것들이 세 가지나 있었던 것이지요. 또한 그런 것들이 왜 작도가 되지 않는지 그 이유조차도 밝힐 수 없었습니다.

넓이가 같게

주어진 원과 같은
넓이를 갖는 정사각형도
절대 작도가 안 돼!

우리는 이렇게 작도가 안 되는
세가지를 '3대 작도 불능 문제'
라고 부릅니다.

이에 많은 수학자들이 매달렸지만 이 비밀은 오랜 시간동안 밝혀지지 않았습니다. 그러다가 19세기가 되어 비로소 밝혀지게 됩니다. 우리는 이 세 가지 문제를 3대 작도 불능 문제라고 부릅니다. 3대 작도 불능 문제는 수학사에서 매우 중요한데, 이것이 연구되는 과정에서 많은 사항들이 발견되고 발전되었기 때문입니다. 우리가 지금 공부하고 있는 원뿔곡선도 이 문제를 연구하는 과정에서 우연히 발견되었답니다. 그럼, 3대 작도 불능 문제가 도대체 무엇을 말하는지 살펴볼까요?

⊙ 주어진 정육면체 부피의 두 배의 부피를 갖는 정육면체의 한 변은 작도할 수 없다.

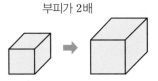

부피가 2배

⊙ 임의의 각의 삼등분선은 작도할 수 없다.

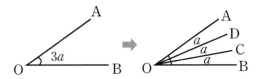

⊙ 주어진 원과 같은 넓이를 갖는 정사각형은 작도할 수 없다.

넓이가 같게

물론 눈금 없는 자와 컴퍼스 말고 다른 도구를 이용하거나 또는 이 도구들을 약간 변형시켜 사용하면 쉽게 해결됩니다. 그러나 고대 그리스 인들은 그런 것은 진정한 기하학이라 보지 않았어요. 오직 최소한의 조건인 직선과 원만으로 이 문제를 해결하려 했습니다.

원뿔곡선은 세 가지 문제 중에서 첫 번째 문제를 연구하는 과

정에서 나왔습니다. 주어진 정육면체의 2배의 부피를 갖는 정육
면체를 만드는 것이 뭐가 그렇게 어려운 문제냐고요? 단순하게
주어진 정육면체의 한 변의 길이를 두 배로 하면 부피가 두 배가
될까요?

이것과 관련하여 내려오는 전설이 있습니다. 이 전설 속에 나
오는 사람들도 한 변의 길이를 2배로 늘리면 당연히 부피도 2배
가 될 것이라 생각하였습니다. 과연 그럴까요? 함께 봅시다.

고대 그리스 아테네의 델로스Delos라는 섬에 전염병이 돌
았다. 사람들은 이것을 신의 노여움이라고 생각하고, 아폴
로 신전에 가서 많은 곡물을 바치고 기도를 올리며 전염병
을 쫓아줄 것을 빌었다. 그러자 신의 계시가 있었다.

아폴로니우스가 들려주는 이차곡선 1 이야기

"여기 정육면체 모양인 아폴로 제단의 부피를 2배로 늘려 새로운 정육면체 제단을 만들어라. 그리하면, 전염병이 물러가리라."

그래서 사람들은 다음 그림과 같이 제단의 한 변의 길이를 2배로 하는 새로운 제단을 만들어 아폴로 신전 앞에 놓았다. 하지만, 전염병은 멈추기는커녕 수그러질 기세가 보이지 않았다.

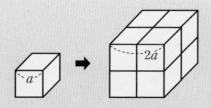

사람들은 다시 한번 아폴로 신전에 가서 왜 전염병이 멈추지 않는가를 물으며 신에게 간절히 기도를 하였다. 그때, 아폴로 신은 이렇게 말했다.

"나는 이전 제단의 부피를 2배로 하라고 요구하였다. 그런데 너희들은 그 약속을 지키지 않았다. 너희들이 한 변의 길이를 2배로 확대하여 만든 새로운 제단은 이전 제단 부피의 2배가 아니라 8배가 된다. 이것은 내가 원하는 모양이 아니다."

사람들은 자신들이 잘못 만든 것을 깨달았다. 이번에는 이전 제단과 똑같은 것을 하나 더 만들어서 전에 있던 제단 옆에 나란히 놓았다.

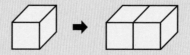

그래도 전염병은 전혀 없어지지 않았다. 이상하게 생각한 사람들은 세 번째로 아폴로 신전에 가서 빌었다. 아폴로 신이 말했다.

"이번에 만든 제단은 확실하게 부피가 2배가 된 것은 맞다. 하지만 너희들은 아직도 나와의 약속을 지키지 못했구나. 너희들이 만든 제단은 정육면체 모양이 아니다. 난 정육면체이면서 부피가 2배인 제단을 원했던 것이다."

사람들은 그제야 겨우 문제의 의미를 정확하게 파악하고 이 문제를 본격적으로 연구하기 시작했다.

만약 위의 전설에서 그 대상이 정육면체가 아니라 정사각형이었다면 문제는 간단하게 풀립니다. 즉 주어진 정사각형의 2배의 넓이를 갖는 정사각형을 작도하는 문제는 그 대각선을 한 변으로 하는 정사각형을 그리면 됩니다. 그러므로 자와 컴퍼스만으로 해결할 수 있습니다.

즉, 오른쪽 정사각형 ABCD의 한 변의 길이를 a라 하면, 정사각형 ABCD의 넓이는 a^2입니다. 이 정사각형 ABCD의 대각선 AC를 한 변으로 하는 정사각형 ACEF

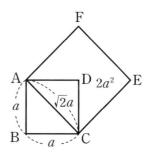

를 작도하면, 그 넓이가 $2a^2$으로 처음 주어진 정사각형 ABCD 넓이의 2배가 되는 것이지요.

하지만 정육면체인 경우에는 그리 간단하지가 않습니다. 만약 주어진 정육면체의 한 변의 길이를 a라 하면, 부피는 a^3이 되고, 주어진 정육면체의 부피를 2배로 하면 $2a^3$이 됩니다.

구하고자 하는 정육면체의 한 변의 길이를 x라 하면 결국은 $x^3 = 2a^3$이 성립하게 되고, 이 식을 만족하는 x를 구해야 합니다. 그 당시로서는 이것을 구할 방법이 없었던 것입니다.

히포크라테스Hippocrates는 이 문제가 a와 $2a$ 사이에 두 개의 비례중항 x와 y를 구하는 문제와 같다는 사실을 발견했습니다. 비례중항이 뭐냐고요? 만약 $a:b = b:c$가 성립하면, b를 a와 c의 비례중항이라고 합니다. 히포크라테스는 a와 $2a$ 사이에 두 개의 비례중항 x, y를 구하는 문제를 해결하려 했으므로, 다음과 같이 식을 쓰면 되겠지요?

$$a:x = x:y = y:2a$$

이 식을 만족하는 x와 y를 구하면 $x^3 = 2a^3$을 만족하는 x를 구

아폴로니우스가 들려주는 이차곡선 1 이야기

할 수 있고, 결국은 부피가 2배가 되는 정육면체의 한 변의 길이를 구할 수 있다는 것입니다. 왜 그럴까요?

$$a:x=x:y에서\ x^2=ay \quad \cdots\cdots ①$$

$$x:y=y:2a에서\ y^2=2ax \quad \cdots\cdots ②$$

$$a:x=y:2a에서\ xy=2a^2 \quad \cdots\cdots ③$$

이 됩니다. ①의 양변을 제곱하면 다음과 같습니다.

$$x^4=a^2y^2$$

여기에 ②를 대입하여 y를 소거하면 다음과 같습니다.

$$x^4=a^2(2ax),\ x^4=2a^3x$$

x는 0보다 크므로 양변을 x로 나누면 다음과 같습니다.

$$x^3=2a^3$$

좀 어렵긴 하지만 수식으로 확인이 되지요? 히포크라테스도 자와 컴퍼스만을 사용하여 위의 식을 만족하는 x, y를 작도할 수는 없었습니다. 하지만 히포크라테스의 연구는 원뿔곡선의 발견에 큰 영향을 미치게 됩니다. x와 y를 연구하는 과정에서 우연하게 원뿔곡선들이 발견되기 시작하는데요. 다음 시간에는 원뿔곡선이 어떻게 발견되는지 함께 살펴봅시다.

수업 정리

원뿔곡선의 기원은 3대 작도 불능 문제를 연구하는 과정에서 비롯되었습니다. 3대 작도 불능 문제는 다음과 같습니다.

⊙ 주어진 정육면체 부피의 두 배의 부피를 갖는 정육면체의 한 변은 작도할 수 없다.

⊙ 임의의 각의 삼등분선은 작도할 수 없다.

⊙ 주어진 원과 같은 넓이를 갖는 정사각형은 작도할 수 없다.

원뿔곡선의 발명

원뿔곡선은 어떻게 만들어지게 되었고 어떻게 발전되어
왔을까요? 그리고 그 이름은 각각 어떤 의미가 있는지
함께 알아봅시다.

세 번째 학습 목표

1. 아폴로니우스 이전의 원뿔곡선과 아폴로니우스 이후의 원뿔곡선을 서로 비교해 봅니다.
2. 원뿔곡선의 이름이 어떻게 붙여지게 되었는지를 알아봅니다.

미리 알면 좋아요

1. **예각, 직각, 둔각** 각의 크기가 90도 보다 작은 각을 예각, 90도와 같은 각을 직각, 90도보다 더 큰 각을 둔각이라 합니다.

| 예각 | 직각 | 둔각 |

2. **직원뿔** 직각삼각형을 그 직각의 한 변을 회전축으로 하여 1회전시켰을 때 생긴 회전체를 말합니다. 그 이외의 원뿔은 빗원뿔이라 합니다.

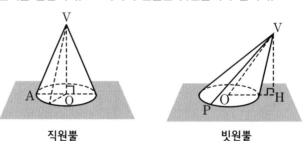

직원뿔   빗원뿔

3. **대수식** 수를 대신해서 문자로 만들어진 식을 말합니다. 예를 들어 $x+y=20$, $y=3(x-6)^2+5$와 같은 식들을 대수식이라 합니다.

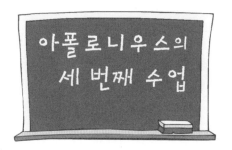

오늘은 원뿔곡선이 어떻게 만들어지게 되고, 어떻게 발전되어 오늘날과 같은 형태가 되었는지 그 역사를 함께 알아보도록 합시다.

▨ 원뿔곡선의 발명 - 메나에크무스

메나에크무스라는 수학자는 B.C. 350년경에 히포크라테스가 발견했던 사실들을 가지고 고심하다가 우연하게 원뿔을 자릅니다. 그는 이때 생각지도 못한 아주 획기적인 것들을 발견하게 됩니다.

꼭지각이 직각인 원뿔을 모선에 수직인 평면으로 잘랐을 때에는 절단면의 형태가 두 방정식 $x^2=ay$와 $y^2=2ax$포물선를 만족하고, 꼭지각이 둔각인 원뿔을 모선에 수직인 평면으로 잘랐을 때에는 절단면의 형태가 방정식 $xy=2a^2$쌍곡선을 만족한다는 것을 알아냈습니다.

여러분, 이 식이 낯설지 않지요? 방정식 $x^2=ay$, $y^2=2ax$, $xy=2a^2$은 히포크라테스가 작도 불능 문제의 첫 번째 문제와 같다고 한 비례중항 식에서 나온 것입니다. 메나에크무스는 또한 꼭지각이 예각인 직원뿔을 모선에 수직인 평면으로 잘라 내면 타원이 만들어진다는 것도 밝혔습니다.

정리해 보면, 메나에크무스는 작도 불능 문제를 연구하던 중 여러 형태의 직원뿔을 자르게 되고, 그 결과 절단면에서 포물선, 쌍곡선, 타원이 나온다는 사실을 발견한 것입니다. 또한 이것은 작도 불능 문제를 해결하는 데 핵심적인 역할을 했던 비례중항 식에서 유도한 세 방정식임을 알게 되었고, 이 곡선들의 교점을 이용하여 작도 불능 문제를 해결하려 했던 것입니다.

이렇게 작도 불능 문제를 풀다가 우연하게 발명된 것이 바로 원뿔곡선입니다.

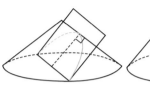 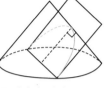

꼭지각이 둔각 : 쌍곡선   꼭지각이 직각 : 포물선   꼭지각이 예각 : 타원

메나에크무스의 원뿔곡선

메나에크무스는 여러 가지 모양의 원뿔을 모선에 수직인 평면으로 잘라 보면서, 원뿔의 모양에 따라 단면이 다르다는 사실을 알아냈습니다. 원뿔의 꼭지각이 '예각' 인 경우에는 '타원' 이 생기고, '직각' 인 경우에는 '포물선' 이 생기며, '둔각' 인 경우에는 '쌍곡선' 이 생긴다는 것을 알아낸 것이지요.

물론 타원, 포물선, 쌍곡선이라는 용어는 그 당시에는 쓰이지 않았습니다. 대신에 곡선을 만드는 방법에 따라서 각각 예각원뿔의 절단면, 직각원뿔의 절단면, 둔각원뿔의 절단면이라 불렀습니다. 쌍곡선도 지금과 같이 두 개가 아니라 한 개의 곡선으로 이루어져 있었답니다.

▨일반화된 원뿔곡선 – 아폴로니우스

메나에크무스의 원뿔곡선은 그 후 널리 사용되고 연구되다가
나 아폴로니우스에 의해서 그 방법이 좀 더 정교화되고 일반화됩
니다. 여러 모양의 원뿔을 사용하여 원뿔곡선을 만들었던 메나에
크무스와는 달리, 나는 원뿔 하나를 가지고 여러 가지 방향에서
잘라보았습니다. 그 결과 자르는 각도에 따라 절단면이 이루는
곡선의 모양이 다양하게 나왔습니다. 그것들을 모두 관찰해 보니
원뿔곡선을 만족한다는 사실을 알게 되었습니다. 그 방법은 가히
성공적이었습니다.

첫 번째 수업에서 내가 여러분들과 함께 원뿔곡선을 잘라보면서 설명한 방법이 바로 그 당시 내가 발명했던 방법입니다. 하지만 내가 처음에 원뿔곡선을 발명했던 방법은 여러분들에게 설명한 방법과 약간 차이가 있습니다. 이제부터 내가 했던 방법을 자세히 설명하도록 할게요.

다음 그림과 같이 점 O를 꼭짓점으로 하는 원뿔 두 개가 점 O를 중심으로 서로 반대 방향으로 한없이 뻗어 나간다고 가정합니다. 그리고 원뿔의 밑면과 모선이 이루는 각을 ϕ라 하고, 자르는 면과 원뿔의 밑면이 이루는 각을 θ라고 약속합시다.

만약 $\theta = 0$이면, 즉 밑면과 평행하게 자르면 단면은 원이 됩니다.

만약 $\theta < \phi$이면, 단면은 타원이 됩니다.

만약 $\theta = \phi$이면, 단면은 포물선이 됩니다.

만약 $\theta > \phi$이면, 단면은 쌍곡선이 됩니다.

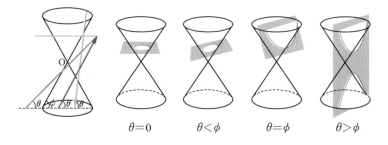

$\theta = 0$ $\theta < \phi$ $\theta = \phi$ $\theta > \phi$

여러분이 앞에서 잘랐던 것과 어떤 점이 다른가요? 바로 원뿔 두 개를 맞대어 놓은 점이 다르지요. 이렇게 원뿔을 맞대어 놓은 것을 원추라고 부르는데, 원뿔곡선이 이런 원추에서 나왔다는 점에서 원추곡선이라고도 부른답니다.

원추에서 각각의 단면을 자르니 $\theta > \phi$인 경우, 즉 쌍곡선인 경우에는 이전과는 달리 두 개가 나오네요. 포물선과 쌍곡선이 모

아폴로니우스가 들려주는 이차곡선 1 이야기

양이 비슷하게 생겼음에도 불구하고 왜 이름을 다르게 붙였는지 이해가 되지 않았거나, 곡선이 한 개 밖에 나오지 않았는데 왜 쌍곡선이라 부르는지 궁금했다면, 이제 그 궁금증이 모두 해결되었지요? 겉으로 보기에는 포물선과 쌍곡선이 비슷하게 보이긴 하지만, 분명한 차이점들이 있습니다. 그 중 하나가 쌍곡선은 항상 쌍으로 존재한다는 것이고요.

내가 원뿔곡선을 만들었던 방법은 메나에크무스의 방법을 통합하여 일반화한 것이라 말할 수 있습니다. 꼭지각이 예각이든, 직각이든, 둔각이든 상관없이 하나의 원뿔만 있다면 절단면의 기울기를 변화시켜서 모든 원뿔곡선을 만들어낸 셈이니까요. 나의 방법은 더 간단할 뿐 아니라, 네 가지 원뿔곡선을 서로 연결시킬 수 있는 계기가 되었습니다. 그리고 이전에는 쌍곡선이 하나로 이루어진 곡선이었지만, 나의 발명 이후로는 쌍곡선이 2개로 이루어진 곡선이 되었지요. 게다가 이전에는 직원뿔에 대해서만 원뿔곡선을 만들 수 있다고 생각했는데, 나의 연구 결과 기울어진 원뿔 _{빗원뿔}에서도 원뿔곡선이 만들어진다는 것을 알게 되었습니다.

하하하. 어때요? 내가 대단한 일을 했지요? 그런데 어쩌죠? 내가 원뿔곡선 연구에 이바지한 일 중에서 아직도 이야기하지 않은

것이 있는데······. 바로 지금 우리가 부르는 타원, 포물선, 쌍곡선
이라는 이름도 내가 붙여준 것이랍니다. 물론 내가 붙여준 이름
은 그리스 어이었지요. 여러분이 지금 쓰고 있는 타원, 포물선,
쌍곡선이라는 것은 한자를 써서 지은 이름이고요. 오늘날 타원은
영어로 ellipse, 포물선은 parabola, 쌍곡선은 hyperbola
라고 불립니다. 이런 이름은 바로 원뿔곡선 각각이 만들어진 원
리를 이용하여 붙여진 것이랍니다.

먼저 ellipse타원는 '부족하다' 라는 뜻을 갖는 그리스 어
ellipsis에서 비롯된 말입니다. 타원이 만들어진 원리를 보면 절
단면의 각도가 모선과 밑면이 이루는 각도 보다 더 작습니다. 때
문에 '부족하다' 라는 뜻을 가진 ellipsis라 이름하였고 그것이
변하여 오늘날 ellipse라고 부르게 된 것입니다.

그리고 parabola포물선는 '일치한다' 는 뜻의 그리스 어
parabole에서 비롯되었습니다. 이는 절단면의 각도가 모선과
밑면이 이루는 각도와 같다는 이유에서 이름을 붙인 것입니다. 마
지막으로 hyperbola쌍곡선는 '초과한다' 는 뜻의 그리스 어
hyperbole에서 비롯되었습니다. 이는 절단면의 각도가 모선과
밑면이 이루는 각도 보다 크다는 이유에서 이름을 붙인 것입니다.

▨해석 기하학의 출현 – 대수와의 만남

내가 발명한 원뿔곡선은 17세기에 이르러서 철학자이자 수학자인 데카르트로 인해 큰 전환기를 맞게 됩니다. 데카르트는 '나는 생각한다. 고로 나는 존재한다' 라는 말로 우리에게 잘 알려져 있는 철학자이자 수학자입니다.

데카르트는 몸이 아주 허약해서 침대에 누워 사색하는 것을 즐겼다고 합니다. 그러던 어느 날 데카르트는 아주 우연하게 천장에 붙어 있는 파리를 보게 되었는데, 이를 보고 파리의 움직임을 어떻게 표현할까 궁리했습니다. 데카르트는 천장의 가로축과 세로축이 만나는 점을 기준으로 파리가 가로와 세로 방향으로 각각 얼마만큼 떨어졌는지 따진다면 파리의 위치를 나타낼 수 있을 것이라 생각했습니다. 이로부터 좌표의 개념이 생기게 되었습니다.

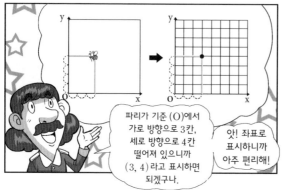

　이런 좌표의 개념은 원뿔곡선의 연구 방법에 큰 변화를 일으키게 되었습니다. 그동안 원뿔곡선은 합동이나 닮음과 같은 기하학적인 방법만을 이용하여 연구되어 왔습니다. 그런데 좌표와 좌표평면의 도입으로 인해 점을 (x, y)로 나타낼 수 있게 되었고 x와 y의 관계식을 유도함으로써 원뿔곡선을 대수식으로 나타낼 수 있게 되었던 것입니다.

　그뿐 아니라 원뿔곡선의 성질도 대수식의 계산을 이용하게 됨에 따라 기하학적인 방법으로 한계가 있었던 여러 가지 사항들이 비약적으로 연구되기 시작했습니다. 그 중 하나가 바로 수천 년 동안 수학자들에게 골칫거리이자 원뿔곡선의 탄생 기원이었던 '3대 작도 불능 문제' 입니다. 이런 대수적인 연구방법이 결합됨

아폴로니우스가 들려주는 이차곡선 1 이야기

으로써 문제가 비로소 증명이 되었습니다. 이렇게 기하학에 대수식을 연결하여 연구하는 것을 해석 기하학이라 합니다.

흔히 원뿔곡선을 이차곡선이라고 부르기도 하는데, 그 이유는 원뿔곡선 각각을 대수식으로 나타내면 모두 이차식이 되기 때문입니다. 이런 사항들은 뒤에서 자세히 다루기로 하고 오늘의 수업은 여기서 마치도록 하지요.

세 번째
수업 정리

❶ 아폴로니우스 이전에는 꼭지각이 각각 둔각, 직각, 예각인 원뿔을 모선에 직각으로 잘라서 쌍곡선, 포물선, 타원을 만들었습니다.

❷ 아폴로니우스는 이전의 방법들을 통합하고 일반화하여 다음과 같이 하나의 원뿔을 가지고 모든 원뿔곡선을 만들어 냈습니다.

원뿔의 밑면과 모선이 이루는 각을 ϕ, 자르는 면과 원뿔의 밑면이 이루는 각을 θ라고 하면

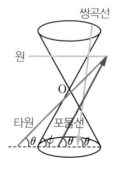

$\theta = 0$이면, 원

$\theta < \phi$이면, 타원

$\theta = \phi$이면, 포물선

$\theta > \phi$이면, 쌍곡선

❸ 데카르트가 좌표평면을 발명하고 대수식을 발전시킴에 따라서 원뿔곡선은 대수식으로 나타내어지게 됩니다. 원뿔곡선의 대수식은 모두 이차식으로 나타내어지는 공통점을 갖는데, 이런 이유로 이차곡선이라고도 부릅니다.

원의 정의와
원의 방정식

원의 정의를 알아보고, 원을 식으로 어떻게 나타낼 수
있는지 알아봅니다.

1. 원의 정의를 알아봅니다.
2. 원의 정의를 이용하여 원의 방정식을 구해 봅니다.

미리 알면 좋아요

1. 점과 점 사이의 거리 점 $A(a,\ b)$와 $B(c,\ d)$사이의 거리는 피타고라스
의 정리를 이용하여 다음과 같이 구합니다.

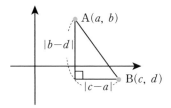

두 점 A와 B 사이의 거리 $= \overline{AB} = \sqrt{(c-a)^2 + (b-d)^2}$

2. 계수 $3x$는 $3 \times x$로 수와 문자의 곱으로 되어 있습니다. 이때 문자 x에 곱
해져 있는 수 3을 x의 계수라고 합니다.

아폴로니우스의
네 번째 수업

수업종이 치자마자 아폴로니우스는 비디오를 켰습니다. 아폴로니우스는 수업을 시작하기에 앞서 아이들에게 아이스 발레 공연을 보여 주고 있습니다.

여러분 감상 잘 했나요? 아름답지요?

오늘 내가 여러분에게 아이스 발레를 보여준 것은 오늘 우리가 하는 수업과 관련되기 때문입니다. 이전에 원뿔곡선의 역사를 설명하면서 좌표가 발명됨에 따라 원뿔곡선도 식으로 표현할 수 있게 되었다고 했지요. 오늘은 아이스 발레의 한 장면을 바탕으로 원을 식으로 어떻게 표현하는지를 배울 것입니다.

누군가가 '원이 무엇입니까' 라고 질문한다면 여러분은 어떻게 대답할 건가요?

보통 우리는 원이라 하면 '동그라미요', '동그란 모양이요', 또

아폴로니우스가 들려주는 이차곡선 1 이야기

는 '모난 곳이 없는 도형이요' 등과 같이 다양하게 이야기합니다. 하지만 이런 말들은 원을 정확하게 설명했다고 이야기할 수 없습니다. 이렇게 원의 의미를 이야기할 경우 사람마다 생각하는 원의 모양이 모두 다를 수도 있습니다. 따라서 원의 의미를 말할 때에는 가장 확실한 용어로 가장 간단하게 말해야 합니다. 또한, 누가 보든지 간에 그 의미를 타당하게 정할 필요가 있습니다. 이것이 바로 정의입니다.

그럼 원의 의미를 가장 객관적으로 확실하게 나타낸 정의는 무엇일까요?

아이스 발레 장면 중에서 남자 무용수와 여자 무용수가 손을 잡고 빙빙 돌던 장면을 생각해 봅시다.

이때 여자 무용수가 스케이트를 타면서 그리는 곡선을 관찰해 보세요. 원 모양이지요? 남자 무용수를 중심으로 여자 무용수는 원을 그리면서 빙빙 돌고 있습니다. 잘 관찰해 보면 남자 무용수와 여자 무용수의 팔은 굽혀지지 않은 채 계속 쪽 펼쳐져 있는 것을 알 수 있습니다.

따라서 여자 무용수가 아무리 움직여도 남자 무용수와 여자 무용수 사이의 간격은 두 사람의 팔의 길이의 합만큼, 다시 말해

두 사람이 떨어져 있는 만큼 계속 일정하게 됩니다. 여기에서 우리는 원의 정의를 이끌어낼 수 있습니다. 원이란 무용수의 상황과 같이 '평면에서 어떤 한 점을 중심으로 거리가 일정한 점들의 모임'을 말합니다. 그리고 원의 중심으로부터 원까지의 거리를 원의 반지름이라고 합니다.

이런 원의 정의는 여러분이 컴퍼스로 원을 그릴 때에도 이용됩

아폴로니우스가 들려주는 이차곡선 1 이야기

니다. 컴퍼스로 원을 그릴 때 한 점에 컴퍼스 다리 하나를 고정시키고 다른 한쪽 다리는 그 점으로부터 일정한 간격을 벌려 한 바퀴 돌려서 그립니다.

이때 컴퍼스의 두 다리 사이의 거리는 항상 처음에 벌린 간격을 그대로 유지하게 됩니다.

여기에서 고정된 다리가 찍은 점은 원의 중심이 되고, 두 다리 사이의 거리는 원의 반지름이 되는 것이지요.

이제 원을 식으로 나타내어 봅시다. 원의 정의를 이용하면 원을 방정식으로 표현할 수 있습니다. 우선 계산하기 편하게 원의 중심의 좌표를 $O(0, 0)$으로 둡니다. 그리고 원 위의 어떤 한 점을 (x, y)라 하고 이때 만들어지는 원의 반지름을 r이라고 놓아 봅시다.

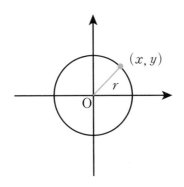

원의 정의에 의해서 원 위의 점 (x, y)로부터 원의 중심 $(0, 0)$까지의 거리는 반지름 r로 일정해야 합니다. 이것을 식으로 나타내면 다음과 같습니다.

$$\sqrt{(x-0)^2+(y-0)^2}=r$$

이것을 정리하면 $x^2+y^2=r^2$이 됩니다. 즉 중심이 $(0, 0)$이고,

반지름이 r인 원의 방정식은 $x^2+y^2=r^2$이 됩니다.

만약 중심이 $(0, 0)$이 아닌 다른 점에 있다면 어떻게 될까요? 중심이 아무리 바뀌어도 원의 방정식을 구하는 방법은 같습니다. 중심을 (a, b)라고 하고 반지름을 r, 그리고 원 위의 어떤 점을 (x, y)라 한다면, 이때에도 원의 중심으로부터 원 위의 점까지의 거리가 반지름 r로 일정해야 합니다.

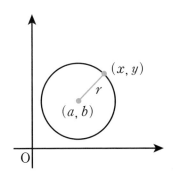

이것을 식으로 나타내 봅시다.

$$\sqrt{(x-a)^2+(y-b)^2}=r$$

정리하면 $(x-a)^2+(y-b)^2=r^2$이 됩니다. 즉 중심이 (a, b)

이고, 반지름이 r인 원의 방정식은 $(x-a)^2+(y-b)^2=r^2$이 됩니다.

식을 관찰해 보면 x와 y가 모두 최고차항이 2차이고, 최고차항의 계수가 같다는 것을 알 수 있습니다. 최고차항이 2차이므로 원은 이차곡선 중에 하나라고 할 수 있습니다.

또한, 원에서 중심과 반지름만 알고 있다면 어떤 원이든지 방정식으로 표현할 수 있다는 것을 원의 방정식으로부터 알 수 있습니다.

예를 들어, 중심이 $(3, 2)$이고 반지름이 5인 원은 다음과 같이 나타낼 수 있습니다.

$$(x-3)^2+(y-2)^2=5^2$$

또한, 중심이 $(-1, -3)$이고, 반지름이 2인 원은 다음과 같이 나타낼 수 있습니다.

$$(x-(-1))^2+(y-(-3))^2=2^2$$
$$(x+1)^2+(y+3)^2=2^2$$

반대로 원의 방정식이 $(x-6)^2+(y+2)^2=5^2$이라면, 이 식은 $(x-6)^2+(y-(-2))^2=5^2$으로 쓸 수 있습니다. 그러므로 이 방정식은 원의 중심은 $(6, -2)$이고 반지름은 5인 원을 나타내는 것입니다.

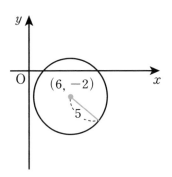

지금까지 원의 정의를 이용해서 주어진 원을 식으로 나타내어 보고, 또 주어진 식을 원으로 그려 보았습니다. 정의를 이용하여 차근차근 식을 유도하면 해당하는 도형의 방정식을 구할 수 있답니다.

이렇게 기하를 대수식으로 나타낸 것이 바로 해석 기하학입니다. 이전 수업에서도 보아왔듯이 기하를 대수식으로 나타내고, 이런 대수식을 이용하여 기하의 성질을 탐구함으로써 수학은 큰 발전을 이룩할 수 있었던 것입니다.

　다음 시간에는 이렇게 발전한 수학이 우리 생활에서 어떻게 활용되고 있는지 알아보기로 해요.

아폴로니우스가 들려주는 이차곡선 1 이야기

수업 정리

❶ 원이란 어떤 한 점을 중심으로 거리가 일정한 점들의 모임을 말합니다.

❷ 원의 중심이 $(0, 0)$이고 반지름이 r인 원의 방정식은 $x^2+y^2=r^2$입니다.

❸ 원의 중심이 (a, b)이고 반지름이 r인 원의 방정식은 $(x-a)^2+(y-b)^2=r^2$입니다.

생활 속
원의 정의의 활용
– 덜커덕거림 없이
안전하게!

원의 성질을 알아보고 이것이 생활 속에서
어떻게 활용되는지를 알아봅니다.
바퀴를 왜 원 모양으로 만드는지 그 이유를 살펴봅니다.

다섯 번째 학습 목표

원의 성질과 이것이 생활에서 어떻게 활용되는지 알아봅니다.

미리 알면 좋아요

원 평면에서 어떤 한 점을 중심으로 거리가 일정한 점들의 모임을 말합니다.

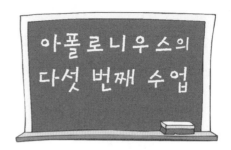

아폴로니우스의
다섯 번째 수업

지난 시간에는 원의 정의가 무엇이고 이것을 이용하여 원을 어떻게 식으로 나타내는지를 공부하였습니다. 오늘은 우리 생활 속에서 원의 정의를 이용한 것은 무엇이 있는지 함께 알아봅시다.

우리 주변에서 원의 정의를 이용한 것 중 가장 쉽게 볼 수 있는 것은 바로 바퀴입니다. 바퀴의 모양이 원이라는 것은 모두 알고 있지요?

그런데 왜 하필 원 모양으로 만들었는지 궁금하지 않았나요?

삼각형 바퀴도 만들 수 있고, 사각형 바퀴도 만들 수 있을텐데 말이지요.

그 이유는 두 가지로 생각해 볼 수 있습니다. 첫 번째 이유는 원은 각진 부분이 없기 때문에 그것을 굴리는 데 상대적으로 힘이 덜 든다는 것입니다. 두 번째 이유는 바로 원의 정의에서 찾을 수 있습니다.

원은 중심으로부터의 거리가 항상 일정하므로, 평평한 땅에 원

아폴로니우스가 들려주는 이차곡선 1 이야기

을 굴리면 원의 중심과 땅 사이의 거리도 항상 일정하게 됩니다. 다른 말로 하면, 원을 평평한 땅에 굴리면 그 중심이 그리는 선은 직선이 된다는 것입니다. 따라서 평평한 땅에서 원은 덜컹거림 없이 안전하게 굴러가게 되는 것입니다. 이렇게 최소한의 힘으로 안전하게 굴러갈 수 있는 것이 원이기 때문에 바퀴를 원으로 만든 것입니다.

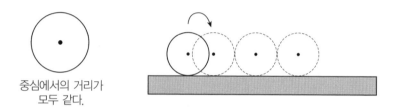

중심에서의 거리가
모두 같다.

만약 바퀴를 삼각형으로 만들었다면 어떻게 될까요? 먼저, 삼각형은 각진 부분이 있어서 아무래도 원보다는 굴리는 데 힘이 더 많이 들어갑니다. 원은 약간의 힘만 주어도 데굴데굴 굴러가지만, 삼각형은 힘을 더 많이 주어야 간신히 움직일 수 있습니다. 움직인다 하더라도 원과 같이 많이 움직이는 것이 아니라 단지 한 번만의 이동이 있을 뿐입니다. 계속 굴리려면 계속해서 힘을 주어야 합니다.

　그리고 삼각형은 중심으로부터의 거리가 모두 다르기 때문에, 평평한 땅에서 삼각형을 굴리면 삼각형의 중심과 땅 사이의 거리도 모두 다르게 됩니다. 즉 삼각형의 중심은 직선을 그리는 것이 아니라 곡선을 그리면서 굴러가게 됩니다. 따라서 평평한 땅에 삼각형을 굴리면 덜커덕거리면서 굴러갑니다.

　만약 우리가 이런 바퀴를 가진 차를 탄다면 덜커덕거림이 너무

심해서 앉아 있어도 앉아 있는 것이 아니고, 서 있어도 서 있는 것이 아닐 것입니다. 또 멀미도 심하게 나겠지요. 손잡이를 꽉 잡고 있다 하더라도 이리 저리 움직일 테고, 손잡이를 잡지 않고 있다간 많이 다치게 될 것입니다. 화물차인 경우에는 그곳에 실은 짐들이 모두 쏟아지거나 깨지고 망가지겠지요?

중심에서의 거리가
같지 않다.

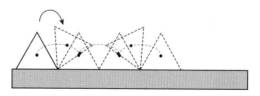

많은 도형 중에서 삼각형 모양의 바퀴가 가장 심하게 덜컹거리며, 다각형 변의 개수가 많아질수록 덜컹거림은 덜해지게 됩니다.

만약 길이 평평하지 않고 울퉁불퉁하다면 어떻게 될까요?

우리 주변의 대부분 도로가 포장이 잘 되어 있어서 평평하지만, 시골 길 같은 외진 곳은 아직도 울퉁불퉁한 도로면들이 많이 있습니다. 이런 길을 차를 타고 가게 되면 매우 덜커덕거리면서

승차감도 좋지 않고, 멀미도 심하게 하는 경우가 많습니다. 우리가 타는 차의 바퀴는 원이기 때문에 도로가 일직선상으로 평평하다면 덜커덕거리지 않습니다. 하지만, 만약 도로가 울퉁불퉁하면 바퀴의 중심이 그리는 선이 직선이 아니므로 덜커덕거릴 수밖에 없습니다.

　만약 길의 모양이 삼각형 바퀴의 중심이 그리는 선과 같이 곡선 모양처럼 생겼다면, 이때는 삼각형 모양의 바퀴로도 덜커덕거리는 느낌이 없이 안정적으로 갈 수 있습니다. 왜냐하면 이때에는 삼각형 바퀴의 중심과 땅 사이의 거리가 일정하기 때문입니다. 바퀴의 중심에서 가까운 쪽은 볼록하게, 중심에서 먼 쪽은 깊게 판 모양으로 된 특별한 길을 만든다면 얼마든지 안정적으로 갈 수 있습니다.

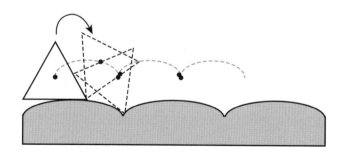

    하지만 단지 삼각형 모양의 바퀴를 만들기 위해 길의 표면을 일부러 올록볼록하게 만드는 것이 경제적으로 효율적일까요? 길의 표면을 이렇게 올록볼록하게 만들려면 평평하게 만드는 것보다 훨씬 더 많은 돈과 인력, 그리고 시간이 들어가겠지요? 그리고 모든 길을 이렇게 만드는 것도 현실상 불가능하고요. 그래서 우리가 타는 자동차나 손수레의 바퀴는 모두 동그란 원 모양이랍니다. 경제적인 면이나 승차감 그리고 효율성들을 고려했을 때

원이 가장 이상적이기 때문이지요.

그런데 여러분, 가끔 도로를 보면 과속 방지 턱이 있는 것을 볼 수 있지요? 자세히 관찰해 보면 과속 방지 턱은 위로 볼록 튀어나왔는데요. 이것은 바로 운전자들이 그 근처에서 속도를 줄이도록 하기 위해서입니다. 속도를 줄이지 않고 그대로 갔다간……. 어떤 일이 일어날지 상상할 수 있겠지요? 이렇게 과속을 방지하거나 미끄러짐을 방지하기 위해서 일부러 도로를 올록볼록하게 만들기도 합니다.

만약 바퀴를 완전한 원 모양이 아니라 32각형이나 64각형과 같이 원과 가까운 다각형으로 만든다면 어떨까요? 바퀴를 굴리는데 드는 힘은 원보다 많이 필요하겠지요? 하지만 갑자기 멈추어야 할 때나 미끄러지지 않도록 하는 데에는 원보다 마찰력이 더 크기 때문에 훨씬 더 효율적이라 할 수 있습니다.

원의 정의를 활용한 예는 또 무엇이 있을까요? 여러분의 집 부엌에 그 답이 있습니다. 바로 가스레인지의 화구를 살펴보세요. 그리고 냄비 바닥도 살펴보세요. 가스레인지 화구는 모두 원 모양입니다. 냄비 바닥은 간혹 디자인 때문에 사각형 모양이 있기는 하지만 대부분이 원 모양입니다.

이렇게 가스레인지 화구와 냄비 바닥이 원 모양인 까닭은 원은 중심으로부터의 거리가 일정해서 열이 균등하게 동시에 골고루 분산되기 때문입니다. 만약 화구가 삼각형이나 사각형 모양이고 냄비 바닥이 원 모양이라면, 어떤 부분은 열이 금방 도달하고 또 어떤 부분은 열이 늦게 도달하게 됩니다. 물론 냄비 바닥이 삼각형이나 사각형 모양이라 해도 마찬가지 현상이 벌어지게 됩니다. 그렇기 때문에 화구도 냄비 바닥도 모두 원 모양인 것입니다.

그리고 만약 모양이 삼각형이나 사각형과 같이 되어 있다면 안정적이지가 않아서 꼭짓점 부분을 건드리면 쉽게 흔들릴 수도 있기 때문에 안정적인 원 모양으로 만드는 것입니다.

난 아직 뜨겁지 않은데...

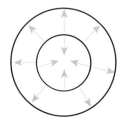

다 같이 골고루 맛있게 익어요!

이렇게 우리 생활 속 하나하나를 자세히 관찰하면 그동안 우리가 무심코 지나쳤던 수학 원리들을 하나 둘씩 발견할 수 있습니

다. 원이 생활 속에서 활용되는 예는 다음 시간에 좀 더 살펴보기

로 하고 오늘은 이만~.

다섯 번째
수업 정리

❶ 원은 각진 부분이 없기 때문에 굴리는 데 힘이 가장 적게 듭니다.

❷ 원을 평평한 바닥에 굴렸을 때 원의 중심이 그리는 선은 직선이 됩니다. 이는 원의 중심으로부터 원주까지 이르는 거리가 항상 일정하기 때문입니다.

❸ 원의 이런 성질들은 바퀴나 냄비 밑바닥의 모양, 가스레인지의 화구 등에서 이용됩니다.

생활 속
원의 성질의 활용
– 넓게 더 넓게……

원의 성질에 대해 알아보고 이런 성질을 이용한 예를
주변에서 찾아봅니다.

둘레가 같은 여러 평면 도형들 중에서 최대 면적을 갖는 것이 원임을 이해합니다. 그리고 이런 성질들이 어떻게 활용되는지 알아봅니다.

미리 알면 좋아요

1. 피타고라스의 정리 각 A가 직각인 직각삼각형 ABC에서 빗변의 길이를 a, 나머지 두 변의 길이를 각각 b와 c라고 할 때 다음과 같은 공식이 성립합니다.

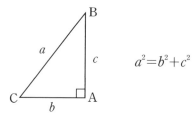

$$a^2 = b^2 + c^2$$

그리고 그 역도 성립합니다. 즉 $a^2 = b^2 + c^2$이 성립하면 삼각형은 각 A가 직각인 직각삼각형입니다.

2. 원기둥의 겉넓이와 부피

겉넓이＝밑넓이×2＋옆넓이, 부피＝밑넓이×높이

3. 구의 겉넓이와 부피 반지름을 r이라 하면, 겉넓이＝$4\pi r^2$, 부피＝$\frac{4}{3}\pi r^3$

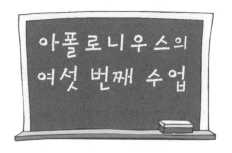

"둥글게 둥글게~ 둥글게 둥글게~ 빙글빙글 돌아가며 춤을 춥시다~."

여러분도 어렸을 때 친구들과 손을 잡고 빙글빙글 돌아가면서 이런 동요를 한 번쯤은 불러봤지요? 우리 주변에서는 이런 원을 많이 볼 수 있습니다. 접시, 동전, CD, 자동차 바퀴, 우산, 눈동자, 길거리의 맨홀 뚜껑, 놀이 기구, 피자나 부침개, 식탁 탁자……

이렇게 우리 생활에서는 원이 셀 수 없이 많이 이용되는데요,
왜 그럴까요? 그것은 원이 가진 특성들 때문입니다.

아폴로니우스가 들려주는 이차곡선 1 이야기

먼저 원의 성질 중에서 가장 큰 특징은 무엇일까요? 바로 삼각형이나 사각형과 같은 다각형과는 달리 '꼭짓점이나 모난 부분이 없다' 는 것이지요. 이런 겉모양 때문에 원을 보면 편안하고 안정적인 느낌이 들기도 합니다. 우리는 보통 "그 사람은 성격이 모 없이 둥글둥글 원만하다"라는 말을 많이 합니다. 원의 겉모습이 날카롭거나 뾰족하지 않고 어느 면을 보아도 둥글둥글하고 안정적인 구조를 가지고 있기 때문에 성격이 좋은 사람들을 빗대어 이렇게 말하지요.

또 원은 어떤 특징을 가지고 있을까요? 원의 특징을 알아보기 전에 우리 모두 톨스토이의 소설《사람에게는 얼마만큼의 땅이 필요한가?》를 함께 읽어봅시다.

하루 동안 걸은 만큼의 땅을 준다는 이야기를 들은 청년은 해가 솟자마자 달리기 시작한다. 한참을 달려 10km쯤 가서 흙을 파서 표시하였다. 그런 다음 왼쪽으로 꺾어서 13km를 가서 표시를 하고, 다시 왼쪽으로 꺾었다. 해가 넘어가려고 해 2km만 간 뒤 마을 사람들이 있는 쪽으로 달려갔다. 겨우 출발점으로 돌아온 청년은 쓰러지고 말았다. 그

의 귀에 땅 주인의 말이 들려왔다. '장하오. 이제 저 넓은 땅
은 당신 것이오.'
그러나 청년은 이미 죽어 있었다.

아폴로니우스가 들려주는 이차곡선 1 이야기

쯧쯧쯧. 땅을 많이 차지하려고 욕심을 부리다가 청년은 그만 죽고 말았네요. 1km 달려가는 것도 힘든데 그리 많이 달렸으니 쓰러질 만도 하지요.

우리 친구들이 이런 상황이라면 어떻게 했을 것 같나요? 욕심을 버리고 그냥 소신껏 걷는다고요? 하지만 걷기만 하면 공짜로 땅이 생기는데 여러분들도 성인군자가 아닌 이상 욕심이 생기지 않을 수는 없겠죠.

그럼 도대체 청년은 얼마나 달려간 것일까요? 또 얼마만큼의 땅을 차지하고 죽은 걸까요?

욕심을 부린 청년이 달려간 길을 그림으로 그려보면 다음과 같습니다.

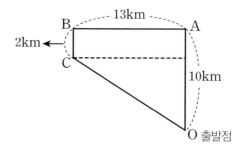

청년이 달려간 거리를 구해 볼까요.

먼저 피타고라스의 정리에 의해 선분 OC의 길이를 구해 봅시다.

$$\overline{OC}=\sqrt{13^2+8^2}=\sqrt{233}\,\text{km}$$

이는 약 15km가 되는 거리입니다. 따라서 달려간 거리는 대략적으로 다음과 같습니다.

$$10+13+2+15=40\text{km}$$

그리고 청년이 차지한 땅은 사다리꼴 모양이므로 그 넓이는 아래와 같이 구할 수 있습니다.

$$(2+10) \times 13 \times \frac{1}{2} = 78 \text{km}^2$$

만약 이 청년이 수학적으로 생각했더라면 이런 안타까운 일은 생기지 않았을 것입니다. 최소의 거리를 뛰어서 최대의 땅을 얻는 방법은 무엇일까라는 것을 한 번만 생각하고 실행했더라면 많은 땅과 함께 행복하게 일생을 보낼 수 있었을 텐데……

그렇다면 최소의 둘레로 최대의 면적을 갖는 도형은 과연 무엇일까요? 함께 알아봅시다.

다음 도형들은 모두 둘레가 12cm로 같다고 합니다. 그럼 넓이도 같을까요? 넓이가 같지 않다면 어느 도형의 넓이가 가장 넓을까요?

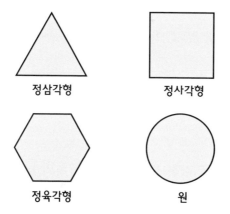

정삼각형   정사각형

정육각형   원

먼저 정삼각형부터 살펴봅시다.

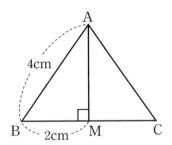

둘레가 12cm이므로 정삼각형의 한 변의 길이는 4cm입니다.
따라서 밑변의 길이 $\overline{BC}$는 4cm이고, 높이 $\overline{AM}$은 피타고라스의
정리에 의해서 다음과 같이 구해집니다.

$$\overline{AM}=\sqrt{4^2-2^2}=\sqrt{16-4}=\sqrt{12}=2\sqrt{3}\text{cm}$$

따라서 정삼각형 ABC의 넓이는 아래와 같습니다.

$$4\times2\sqrt{3}\times\frac{1}{2}=4\sqrt{3}\text{cm}^2$$

$\sqrt{3}$의 값이 약 1.732정도이므로 정삼각형의 넓이는 약 6.9cm^2
가 됩니다.

아폴로니우스가 들려주는 이차곡선 1 이야기

둘레가 12cm인 정사각형의 넓이를 구해 봅시다.

정사각형이므로 한 변의 길이는 3cm가 됩니다. 따라서 정사각형의 넓이는 $3 \times 3 = 9cm^2$가 됩니다.

둘레가 12cm인 정육각형의 넓이는 어떻게 될까요? 정육각형이므로 한 변의 길이는 2cm가 됩니다. 정육각형의 넓이는 어떻게 구할까요? 공식을 몰라서 구할 수 없다고요? 하지만 이런 경우에는 굳이 넓이 공식을 외우지 않아도 이미 우리가 알고 있는 지식을 바탕으로 구할 수 있습니다.

정육각형을 적당히 잘라볼까요? 정육각형에서 중심을 지나는 대각선을 그으면 그림과 같이 6개의 정삼각형으로 나눌 수 있습니다. 작은 정삼각형 한 개의 넓이를 구한 후 여섯 배를 하면 정육각형의 넓이를 구할 수 있겠지요?

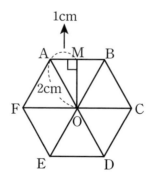

정삼각형 AOB의 넓이를 구해 봅시다. 정육각형의 한 변의 길이가 2cm이므로, 정삼각형 AOB의 밑변의 길이 $\overline{AB}$는 2cm이고, 높이 $\overline{MO}$는 피타고라스의 정리에 의해 구할 수 있습니다.

$$\overline{MO} = \sqrt{2^2 - 1^2} = \sqrt{3}\text{cm}$$

따라서 삼각형 AOB의 넓이는 다음과 같이 구해집니다.

$$2 \times \sqrt{3} \times \frac{1}{2} = \sqrt{3}\text{cm}^2$$

정육각형의 넓이는 이런 삼각형의 6배이므로 $6\sqrt{3}\text{cm}^2$가 됩니다. $\sqrt{3}$의 값이 약 1.732이므로 정육각형의 넓이는 약 10.4cm^2가 됩니다.

마지막으로 둘레가 12cm인 원의 넓이를 구해 봅시다. 둘레가 12cm이므로 원의 반지름의 길이 r은 다음과 같습니다.

$$2\pi r = 12$$
$$r = \frac{12}{2\pi} = \frac{6}{\pi}\text{cm}$$

따라서 원의 넓이는 아래처럼 구해집니다.

$$\pi r^2 = \pi \times \frac{6}{\pi} \times \frac{6}{\pi} = \frac{36}{\pi} \, \text{cm}^2$$

π의 값이 약 3.14이므로, 원의 넓이는 약 11.5cm^{2}가 됩니다.
정리해 볼까요?

둘레가 12cm로 모두 같을 때 정삼각형의 넓이는 약 6.9cm^2,
정사각형의 넓이는 9cm^2, 정육각형의 넓이는 약 10.4cm^2, 원의
넓이는 약 11.5cm^{2}가 됩니다. 여기에서 둘레가 같을 때 변의 수
가 늘어날수록 도형의 넓이가 점점 커지는 것을 알 수 있습니다.

삼각형과 원의 넓이를 비교해 보면 그 넓이의 차이가 꽤 많이
난다는 것을 직접 눈으로 확인할 수 있습니다. 다시 말하면 '둘레

가 같을 때에는 원의 면적이 가장 크다', 반대로 말하면 '면적이

같을 때 둘레가 최소가 되는 것은 원'이라 말할 수 있습니다.

  톨스토이의 소설에서 여러분이 만약 청년의 입장이라면 어떻

게 했을까요? 바보같이 무조건 앞으로 전력질주를 하지는 않겠

지요? 당연히 원 모양으로 달려야지요. 청년은 약 40km를 걸어

서 78km²의 땅을 얻었습니다. 만약 이런 원의 성질을 이용한다면 얼마만큼만 걸으면 되는지 계산해 봅시다.

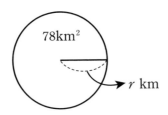

원의 둘레를 구하려면 원의 반지름을 구해야 합니다. 원의 넓이가 78km²이므로 반지름은

$$\pi r^2 = 78,\ r^2 = \frac{78}{\pi},\ r = \sqrt{\frac{78}{\pi}} = \sqrt{\frac{78}{3.14}}$$

과 같습니다. 계산이 조금 복잡하지요? 이럴 때는 계산기를 사용해 보세요. 계산기를 사용하여 반지름 r의 값을 구하면, 약 5km가 나옵니다. 따라서 원의 둘레는 다음과 같습니다.

$$2\pi r = 2 \times 3.14 \times 5 = 31.4 \text{km}$$

어때요? 차지한 땅의 넓이는 청년과 같은데, 달려간 거리는 청년과 무려 8.6km나 차이가 나네요. 청년이 진작 이런 원리만 알았다면 고생만 하고 죽는 일은 없었을 테지요. 그래서 수학적으로 생각하는 것이 중요하다니까요.

원의 성질을 이용하는 예는 우리 생활에서 쉽게 찾아볼 수 있습니다.

여러분들 음료수 좋아하지요? 슈퍼에 진열되어 있는 음료수 캔을 보면 대부분 원기둥 모양을 하고 있는데, 이젠 그 이유가 무엇인지 알겠지요?

그 이유는 단면이 원 모양일 때 가장 많은 양의 내용물을 담을 수 있기 때문입니다. 즉 생산자의 입장에서 보면, 될 수 있는대로 많은 양의 내용물이 들어가도록 용기를 만들어서 재료비를 줄이는 것이 더 이득이기 때문이지요.

만약, 여러 가지 모양의 용기가 있고 그 용기들을 만드는 데 같은 비용이 든다고 합시다. 그러면 진짜로 원기둥 모양의 용기가 내용물을 가장 많이 담을 수 있을까요?

사실 같은 표면적겉넓이을 가질 때 부피가 가장 큰 것은 구입니다. 다음과 같은 두 입체도형을 살펴보고 겉넓이와 부피를 구해 보도록 합시다.

아폴로니우스가 들려주는 이차곡선 1 이야기

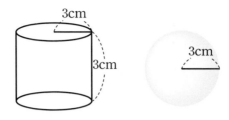

원기둥의 겉넓이와 부피를 구해 봅시다.

원기둥의 밑넓이 $=3 \times 3 \times \pi = 9\pi \mathrm{cm}^2$

원기둥의 옆넓이 $=2 \times \pi \times 3 \times 3 = 18\pi \mathrm{cm}^2$

원기둥의 겉넓이 $=9\pi \times 2 + 18\pi = 36\pi \mathrm{cm}^2$

원기둥의 부피 $=3 \times 3 \times \pi \times 3 = 27\pi \mathrm{cm}^3$

구의 겉넓이와 부피를 구해 봅시다.

구의 겉넓이 $=4 \times \pi \times 3 \times 3 = 36\pi \mathrm{cm}^2$

구의 부피 $=\dfrac{4}{3} \times \pi \times 3 \times 3 \times 3 = 36\pi \mathrm{cm}^3$

원기둥과 구를 비교했을 때 겉넓이표면적가 서로 같아도 부피는 구가 훨씬 더 크다는 것을 알 수 있습니다. 다시 말하면, 같은 비용으로 용기를 만든다고 했을 때 더 많은 내용물을 담을 수 있는 것은 원기둥 모양이 아니라 바로 구 모양의 용기라는 것입니다. 이렇게 구의 경우에는 용기를 만드는 비용이 더 적게 드는데 왜 구 모양의 용기는 만들지 않는 걸까요?

만약 구 모양으로 용기를 만든다면 진열하기가 매우 어려울 것입니다. 공을 생각해 보세요. 약간만 움직여도, 아주 작은 충격에

아폴로니우스가 들려주는 이차곡선 1 이야기

도 공은 굴러가게 됩니다. 만약 제작비만 생각해서 음료수 캔을 구 모양으로 만든다면, 그것을 운반하거나 진열할 때에 움직이지 않도록 보조 장치를 따로 설치해야 합니다. 또, 이런 보조 장치를 만드는 데 비용이 추가로 들기 때문에 그리 효율적이지 못합니다.

우리는 음료수를 마실 때 한 두 모금 마신 후에 잠깐 바닥에 내려놓고 쉬었다가 마시는 경우도 많습니다. 만약 캔이 구 모양이라면 작은 힘에도 쉽게 움직이기 때문에 조금만 신경 쓰지 않으면 음료수가 모두 쏟아지는 일이 비일비재하겠지요. 그래서 적은 비용으로 가장 많은 내용물을 담을 수 있는 것은 구 모양이지만, 효율성 때문에 대부분의 음료수 캔은 원기둥으로 되어 있는 것입니다.

최소 둘레에 최대 면적을 갖는 원의 성질을 이용한 예는 이 외에도 많이 찾아볼 수 있습니다. 우리가 밥 먹을 때 쓰는 접시도 바로 이런 원리를 이용해서 원 모양으로 만든 것이고, 파이프의 단면이 원 모양인 것도 바로 이런 이유에서입니다. 우산도 펼치면 원 모양인데, 이것도 비를 될 수 있으면 많이 피하기 위함입니다. 여러분이 좋아하는 피자나 부침개도 한 번에 될 수 있으면 많은 양을 만들기 위해서 원 모양으로 만드는 것입니다. 이 외에도 원의 성질을 이용한 예는 우리 생활에서 많이 찾아볼 수 있답니다. 여러분도 한번 찾아보세요!

아폴로니우스가 들려주는 이차곡선 1 이야기

여섯 번째
수업 정리

❶ 여러 평면도형 중에서 둘레가 같을 때 최대 면적을 갖는 것은 원입니다.

❷ 여러 입체도형 중에서 겉넓이가 같을 때 최대 면적을 갖는 것은 구입니다.

❸ 원의 이런 성질은 음료수나 그 외 용기에서 밑면의 모양, 파이프의 단면, 냄비, 부침개나 피자 등 우리 생활 곳곳에서 이용됩니다.

포물선의 정의와
포물선의 방정식

포물선이 무엇인지, 그리고 포물선을 어떻게 식으로
나타낼 수 있는지에 대해 알아봅니다.

1. 포물선의 정의를 알아봅니다.
2. 포물선의 방정식을 구해 봅니다.

미리 알면 좋아요

1. 차수 항에 포함되어 있는 문자의 곱해진 개수를 그 문자에 대한 항의 차수라고 합니다. 예를 들어 $3x$에서 x에 대한 차수는 1, $5x^2$에서 x에 대한 차수는 2, $-2x^4$에서 x에 대한 차수는 4입니다.

2. 다항식의 차수 차수가 가장 큰 항의 차수를 그 다항식의 차수라고 합니다. 예를 들어 $3x^2+2x+4$에서 차수가 가장 큰 항의 차수는 2이므로 이 다항식의 차수는 2입니다. 그리고 차수가 1인 다항식은 일차식, 차수가 2인 다항식은 이차식이라고 합니다.

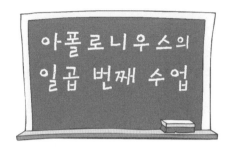

아폴로니우스는 아이들과 함께 운동장에서 공 던지기를 하고 있습니다.

우리가 공을 던질 때 공은 어떻게 움직이나요? 곡선을 그리면서 움직이지요? 만약 우리가 공을 45°방향으로 던졌다고 해 봅시다. 공이 던지는 방향으로 계속 45°의 각을 이루며 일직선으로 날아가나요? 만약 지구에 중력이 존재하지 않는다면 아마도 45°

의 각도를 유지하면서 일직선으로 날아갈 것입니다. 하지만 지구에는 중력이 계속 작용하기 때문에 공은 위로 올라가다가 어느 시점이 되면 점점 땅 쪽으로 기울게 되고, 결국은 땅에 떨어지게 됩니다.

오늘 우리가 배우게 될 포물선은 바로 앞에서 보았듯이 공을 던졌을 때 공이 그리는 선 모양을 말합니다. 포물선을 한문으로 쓰면 抛物線인데, 抛은 '던질 포'이고 物은 '사물 물'을 의미합니

아폴로니우스가 들려주는 이차곡선 1 이야기

다. 그러니까 포물선을 말 그대로 해석하면 우리가 '물체를 던질 때 물체가 그리는 선'이라는 뜻입니다. 우리는 수학에서뿐만 아니라 일상생활에서도 포물선이라는 말을 많이 쓰는데, 바로 이런 의미이지요.

우리 주변에서 포물선 모양을 찾아볼까요? 가장 흔하게 볼 수 있는 것은 앞에서 보았듯이 농구나 축구 그리고 야구와 같은 스포츠에서 공을 던질 때 공이 움직이는 모양입니다. 그리고 공원에서 흔히 볼 수 있는 분수의 물줄기도 포물선 모양에 해당되고,

다리에서도 포물선 모양의 곡선을 찾을 수 있습니다.

수학적으로 포물선은 어떤 것을 의미할까요? 포물선이란 '평면 위의 한 점과 이 점을 지나지 않는 어떤 직선이 있을 때, 점과 직선으로부터 같은 거리에 있는 점들의 모임'을 말합니다.

이제 그림으로 알아봅시다. 먼저 어떤 점 F와 그 점을 지나지 않는 어떤 직선 g를 그려보세요. 그리고 점 F와 직선 g로부터 같은 거리에 있는 점들을 노란색으로 찍어보세요. 이러한 점들을 좀 더 많이 찾아 연결하면 다음 그림과 같이 포물선이 됩니다.

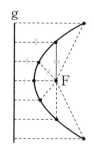
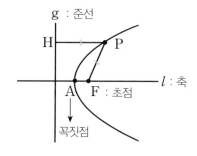

아폴로니우스가 들려주는 이차곡선 1 이야기

이때 처음에 찍었던 점 F를 초점이라 하고, 직선 g를 준선이라고 합니다. 그리고 초점을 지나고 준선에 수직인 직선, 다시 말해 포물선을 반으로 나누는 선 l을 축이라 하고 이 축과 포물선과의 교점 A를 꼭짓점이라고 합니다.

그럼 이런 포물선을 식으로는 어떻게 나타낼까요?

원과 마찬가지로 포물선도 그 정의를 이용하면 식으로 나타낼 수 있습니다.

먼저 계산하기 쉽도록 꼭짓점을 원점 O$(0, 0)$에 놓고, 초점 F를 x축 위의 어느 한 점 $(p, 0)$이라 합시다_{단 $p > 0$}. 그러면 준선 g의 방정식은 $x = -p$가 됩니다. 그 이유는 포물선은 초점과의 거리와 준선과의 거리가 항상 같아야 하기 때문입니다.

다시 말하면, 이 포물선은 초점과 꼭짓점 사이의 거리가 p이므로 준선과 꼭짓점 사이의 거리도 p가 되어야 합니다. 따라서 준선은 x축의 음의 방향으로 p만큼 떨어져 있어야 하므로 $x = -p$가 되는 것입니다.

이번에는 포물선 위의 임의의 한 점을 P(x, y)로 놓아 봅시다. 그러면 포물선의 정의에 의해 포물선의 방정식은 다음과 같이 구할 수 있습니다.

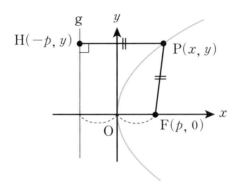

$\overline{\mathrm{PF}} = \overline{\mathrm{PH}}$

$\sqrt{(x-p)^2 + (y-0)^2} = |x+p|,$

$(x-p)^2 + y^2 = (x+p)^2,$

$x^2 - 2px + p^2 + y^2 = x^2 + 2px + p^2,$

$y^2 = 4px$

이번에는 꼭짓점은 그대로 원점 O에 놓고, 초점을 y축 위의 한 점 $\mathrm{F}(0,\,p)$에 놓아봅시다$p>0$. 그러면 준선은 $y=-p$가 됩니다.

그리고 포물선 위의 임의의 한 점을 $\mathrm{P}(x,\,y)$로 놓으면, 포물선의 정의에 의해서 다음과 같은 방정식이 나옵니다.

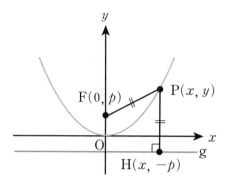

$\overline{\mathrm{PF}} = \overline{\mathrm{PH}}$

$\sqrt{(x-0)^2 + (y-p)^2} = \mid y+p \mid ,$

$x^2 + y^2 - 2py + p^2 = y^2 + 2py + p^2,$

$x^2 = 4py$

중요 포인트

1. 초점이 $(p, 0)$이고 준선이 $x = -p$인 포물선의
   방정식은 $y^2 = 4px$, 축은 x축, 그래프 모양은 $\subset$ 이고,
2. 초점이 $(0, p)$이고 준선이 $y = -p$인 포물선의
   방정식은 $x^2 = 4py$, 축은 y축, 그래프 모양은 $\cup$ 입니다.

원은 원의 중심과 반지름의 길이만 알면 방정식을 구할 수가

있었지요. 포물선은 준선의 방정식과 초점의 좌표만 알면 정의를 이용하여 방정식을 구할 수 있습니다.

포물선의 방정식도 잘 살펴보면, 원의 경우와 마찬가지로 최고차항이 2차가 됨을 볼 수 있습니다. 원과 차이가 있다면 원의 방정식에서는 x와 y가 모두 차수가 2차이면서 그 계수가 같았던 반면에, 포물선의 방정식에서는 x와 y 중 둘 중 하나만 차수가 2차임을 알 수 있습니다. 원과 포물선이 원뿔에서 나왔다는 뜻에서 원뿔곡선이라 불리면서 이차곡선이라고도 불리는 이유는 이와 같이 최고차항이 2차이기 때문입니다.

아폴로니우스가 들려주는 이차곡선 1 이야기

아폴로니우스과 함께 하는 쉬는 시간

포물선과 비슷하게 생긴 현수선

포물선과 모양이 비슷한 곡선 중에서 현수선이라는 것이 있습니다. 현수선이란 굵기와 무게가 균일한 밧줄의 양끝을 같은 높이의 두 위치에 고정시켰을 때, 밧줄이 처진 모양을 가리킵니다.

현수선

현수선은 중력에 의해서 생기는 것으로, 수학보다는 물리학을 연구하는 과정에서 나왔다고 합니다. 현수선은 포물선과 그 모양은 비슷하지만 식으로 나타내어 보면 이차곡선이 아닙니다. 현수선은 식으로 아래와 같이 나타납니다.

$$y = a\cosh\frac{x}{a} \text{ 또는 } y = \frac{a}{2}(e^{\frac{x}{a}} + e^{-\frac{x}{a}})$$

식을 보면 한 눈에도 이차곡선인 포물선과 다르다는 것을 알 수 있습니다. 하지만 식이 너무 어렵지요? 식을 이용하지 않고도 포물선인지 현수선인지 눈으로 쉽게 구별할 수 있는 방법을 없을까요?

현수선과 포물선의 차이는 바로 일정한 하중을 주었는지 안 주었는지의 차이입니다. 줄을 양쪽에 고정시킨 후 중력에 의해 자연스럽게 늘어지도록 했을 때 줄의 모양은 현수선이 됩니다. 하

아폴로니우스가 들려주는 이차곡선 1 이야기

지만, 여기에 일정한 간격으로 하중을 두게 되면 그 줄의 모양은 포물선 모양으로 바뀌게 된다고 합니다.

여러분들이 영화나 광고 속에서 보던 다리들을 상상해 보세요. 계곡을 연결하는 다리 중에서 허공에 떠 있는 덩굴 다리 같은 것은 현수교에 해당합니다. 그리고 아래 다리 사진과 같이 주 케이블에 일정한 간격으로 로프를 설치하여 하중을 주게 되면, 주 케이블은 포물선 모양이 됩니다. 하지만 이런 다리를 현수교라고도 부르기도 하는데 엄밀히 말하면 현수선은 아닌 셈입니다.

현수선 모양 by CoreForce   **포물선 모양** by DownTown Pictures

포물선과 현수선은 이렇게 그 모양이 너무나도 흡사해서 눈으로 보아서는 잘 구별되지 않습니다. 실제로 수학자이면서 과학자로 위대한 업적을 남겼던 갈릴레이도 현수선을 포물선이라고 믿었을 정도니까요.

일곱 번째
수업 정리

❶ 포물선이란 평면 위의 한 점과 이 점을 지나지 않는 어떤 직선이 있을 때 점과 직선으로부터 같은 거리에 있는 점들의 모임을 말합니다.

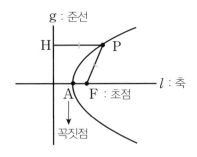

❷ 초점이 $(p, 0)$이고 준선이 $x = -p$인 포물선의 방정식은 $y^2 = 4px$, 축은 x축, 그래프 모양은 $\subset$ 와 같습니다.

❸ 초점이 $(0, p)$이고 준선이 $y = -p$인 포물선의 방정식은 $x^2 = 4py$, 축은 y축, 그래프 모양은 $\cup$와 같습니다.

포물선
만들어 보기

여러 가지 방법으로 포물선을 만들어 보고,
그것이 왜 포물선이 되는지 생각해 봅시다.

여덟 번째 학습 목표

여러 가지 방법으로 포물선을 그려 보고 왜 포물선이 되는지 이해합니다.

미리 알면 좋아요

1. **접선** 다음 그림과 같이 어떤 도형과 직선이 한 점에서 만날 때 직선을 그 도형의 접선이라고 합니다. 원 같은 경우는 원 밖의 한 점에서 접선을 2개를 그릴 수 있습니다.

한 점에서
만납니다.

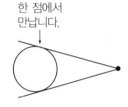

2. **삼각형의 합동 조건** 삼각형의 합동 조건은 다음과 같이 세 가지가 있습니다.
1) 세 변의 길이가 같을 때 (SSS합동)
2) 두 변의 길이가 같고 끼인각의 크기가 같을 때 (SAS합동)
3) 한 변의 길이가 같고 양 끝각의 크기가 같을 때 (ASA합동)

3. **동심원** 아래 그림과 같이 원의 중심이 같은 원들을 동심원이라고 합니다.

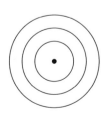

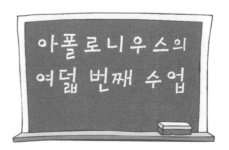

아폴로니우스의
여덟 번째 수업

우리는 보통 원을 그릴 때 컴퍼스를 사용하여 그립니다. 컴퍼스의 한쪽 다리는 종이에 고정시키고 다른 한쪽에는 연필을 집어넣어 원하는 크기만큼 벌린 다음 한 바퀴 돌려서 그리는데요. 이것은 '한 점에서 일정한 점들의 모임'이라는 원의 정의를 이용하여 그리는 것입니다.

그렇다면 지난 시간에 배운 포물선은 어떻게 그릴까요? 오늘은 포물선을 어떻게 그리고 만들어 내는지를 공부할 것입니다. 우리 모두 함께 포물선을 만들어 보고, 그것이 왜 포물선이 되는지 생각해 봅시다. 먼저 종이를 접어서 포물선을 만들어 보죠.

종이에서 어떤 선을 볼 수 있나요? 포물선의 형태가 보이나요? 사실, 우리가 처음에 찍었던 점 F는 포물선의 초점이 되고, 종이의 밑변은 포물선의 준선이 됩니다. 그리고 우리가 접었던 선들은 포물선의 접선이 됩니다.

아폴로니우스가 들려주는 이차곡선 1 이야기

종이접기로 포물선 만들기

✓ **따라해 보세요!**

① 직사각형 모양의 종이를 준비합니다.

② 종이에 한 점 F를 찍습니다. 이
　때 점은 약간 아래쪽 가운데에
　찍습니다.

③ 종이의 밑변이 점 F를 지나도록
　접습니다.

④ 일정한 간격으로 계속 이렇게 접
　고 나서 펼쳐봅니다.

⑤ 어떤 곡선이 보이는지, 그리고
　왜 그런 곡선이 보이는지 생각해
　봅시다.

점 F를 지나도록 종이를 일정한 간격으로 계속 접게 되면 수많은 접선들이 생기게 되고, 이런 접선들이 이루는 선들을 관찰해 보면 포물선 모양임을 짐작할 수 있습니다. 하지만 실제로 이것이 포물선인지 확실하지는 않지요? 수학에서는 그냥 포물선처럼 보이기 때문에 포물선이라고 대답하면 안 됩니다. 그것을 뒷받침할 만한 타당한 증명이 뒤따라야 사실로 인정받는 것이지요. 그럼 왜 이것이 포물선이 되는지 함께 살펴봅시다.

우선 처음에 밑변 BC가 점 F를 지나도록 접으면 접힌 선 *l*이 나타납니다. 이 과정을 반복하면 오른쪽 그림과 같이 됩니다.

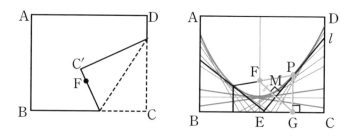

접힌 선들 중에서 하나를 골라 선분 *l*이라고 합시다. 점 G는 선분 *l*을 중심으로 접었을 때 점 F와 만나는 점이고, 점 P는 점 G에서 수직으로 선분을 그렸을 때 선분 *l*과 만나는 점입니다. 점 M은 선분 FG와 직선 *l*의 교점입니다. 삼각형 PMF와 삼각형

아폴로니우스가 들려주는 이차곡선 1 이야기

PMG에서,

$\overline{FM}=\overline{GM}$이고, ∠PMF＝∠PMG＝90° ∵점 F와 점 G는

선분 *l*을 중심으로 접었을 때 만나는 점이므로

변 PM은 공통

∴ 삼각형 PMF와 삼각형 PMG는 합동 (SAS합동)

∴ $\overline{PF}=\overline{PG}$

이것은 점 P로부터 점 F까지의 거리와 점 P로부터 변 BC까지의 거리는 항상 같다는 이야기입니다. 따라서, 이런 점 P들의 모임은 결국 점 F를 초점으로 하고, 변 BC를 준선으로 하는 포물선이 되는 것입니다.

이번에는 삼각자와 줄을 이용하여 포물선을 그려봅시다.

 삼각자를 이용하여 포물선 만들기

✓ 따라해 보세요!

① 종이 위에 x축과 y축을 그립니다.

② x축 위에 적당하게 초점 F$(p, 0)$을 그리고, 준선 $x = -p$도 그립니다.

③ 삼각자를 준비하여 각 꼭짓점을 A, B, C라고 합시다. 삼각자의 한 변 AB의 길이만큼 줄도 준비합니다.

④ 변 BC를 준선과 겹치도록 놓습니다.

⑤ 줄의 한 끝을 A에, 다른 한 끝을 정점 F에 고정시킵니다.

⑥ 줄을 팽팽하게 유지시키면서 변 AB 위에 연필의 끝을 놓습니다. 이 점을 P라 합시다.

⑦ 줄을 팽팽하게 유지시키면서 삼각자를 준선 g를 따라 이 동시킵니다.

⑧ 연필 끝 P가 그리는 곡선이 어떤 곡선인지 관찰해 봅시다.

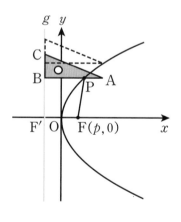

아폴로니우스가 들려주는 이차곡선 1 이야기

그건 무슨 준비물이야?

포물선을 만들려고.

삼각자와 줄로 포물선을 만든다고?

응. 아폴로니우스 선생님께 배웠어. 충분해.

어떤 곡선이 그려지나요? 이것도 포물선처럼 보이지요? 그러면 어떻게 포물선이 될까요?

원리는 간단합니다. 끈의 길이를 삼각자의 한 변 AB의 길이와 같도록 하였기 때문에 $\overline{AP}$와 $\overline{PF}$의 길이의 합은 $\overline{AB}$의 길이와 같게 되고, 결국 $\overline{BP}=\overline{FP}$가 성립하게 됩니다. 즉 이것은 점 P는 점 F와 직선 g로부터 항상 같은 거리에 있는 점이라는 의미가 되

고, 이는 포물선의 정의이므로 점 P가 그리는 곡선은 당연히 포
물선이 되는 것입니다.

$$\overline{AP}+\overline{PF}=\overline{AB}, \ \overline{AP}+\overline{PF}=\overline{AP}+\overline{PB}$$

$$\therefore \overline{PF}=\overline{PB}$$

∴ 점 P가 그리는 곡선은 점 F가 초점이고 g가 준선인 포물선
입니다.

이번에는 원과 직선들 사이에서 포물선을 찾아봅시다.

 동심원과 평행한 직선을 이용하여 포물선 만들기

✓ **따라해 보세요!**

① 점 F를 찍습니다.

② 점 F를 중심으로 하여 반지름이 1, 2, 3, 4, 5, 6 … 인 원
을 그립니다.

③ 각 원에 접하는 직선을 다음과
같이 그립니다.

④ 그림에서 원과 직선의 교점을
관찰해 보고 어느 곡선이 숨어
있는지 찾아봅시다.

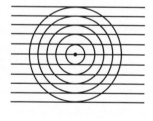

152

여러분은 어떤 곡선을 찾았나요? 오늘 수업 내용이 포물선을 만드는 것이니까 분명히 포물선이 숨어 있을 텐데 잘 보이지 않지요? 아니라고요? 금방 보인다고요?

원과 직선에서 숨은 포물선은 여러 개가 있습니다. 그 중에서 하나를 찾아보면, 다음 그림과 같이 원과 직선의 교점들이 그리는 곡선이 바로 포물선입니다. 이 포물선은 점 F가 초점, 직선 g가 준선인 포물선인데요, 이것이 왜 포물선이 될까요?

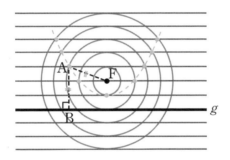

그 이유는 간단합니다. 그림을 보면, 가장 안쪽의 원부터 그 반지름은 각각 1, 2, 3, 4,… 로 1씩 커지고, 직선의 간격도 1씩이라는 것을 알 수 있습니다. 우선, 노란 점 중에서 하나를 골라 점 A라고 하고, 거기에서 직선 g에 수선을 그려서 수선의 발을 점 B라고 해 봅시다.

그러면 $\overline{AF}$는 세 번째 원의 반지름이므로 그 길이는 3이고, $\overline{AB}$의 길이도 3이라는 것을 알 수 있습니다. $\overline{AB}$는 점 A와 직선 g 사이의 거리이므로, 결국은 점 A는 초점 F와 준선 g로부터 같은 거리에 있는 점이라는 것을 알 수 있습니다.

다른 점들도 반지름의 길이와 직선 사이의 거리를 비교해 보면 점 F와 준선 g로부터 모두 같은 거리에 있는 것을 알 수 있습니다. 따라서 노란 점들을 잇는 곡선은 포물선이 된다고 할 수 있습니다.

이 원과 직선들 속에 숨은 포물선은 이것 말고도 준선을 무엇으로 보느냐에 따라 여러 개 찾을 수 있습니다. 다음 그림에서 회색 점들을 연결한 회색 포물선은 준선이 점 F로부터 4만큼 떨어진 곳에 잡았을 때 생기는 포물선입니다.

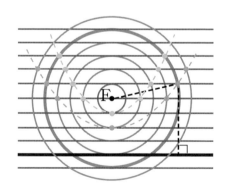

여기에서 우리는 '초점과 준선 사이의 거리가 멀면 멀수록 포물선의 폭도 더 많이 벌어진다' 는 것을 알 수 있습니다. 만약 초점 F와의 거리가 2보다 더 작게 준선을 잡으면, 그 때 생기는 포물선은 노란색 포물선보다 폭이 더 작은 포물선이 그려지게 됩니다. 그리고 초점과의 거리가 4보다 더 크게 준선을 잡으면, 그때 생기는 포물선은 회색 포물선보다 폭이 더 큰 포물선이 그려지게 됩니다. 의심스럽다고요? 여러분들이 한번 확인해 보세요.

여덟 번째
수업 정리

1 직사각형 모양의 종이에 점을 찍고 종이의 밑변이 그 점을 지나도록 계속 접어 나가면 포물선이 됩니다.

2 삼각자를 이용하여 포물선을 그릴 수도 있습니다.

3 동심원과 직선들을 이용하여 포물선을 그릴 수도 있습니다.

4 포물선에서 초점과 준선 사이의 거리가 멀면 멀수록 포물선의 폭도 더 많이 벌어집니다.

생활 속에서
찾아보는 포물선

우리 생활 속에서 포물선이 어떻게 활용되는지
알아봅니다.

포물선의 성질들을 알아보고 생활에서 어떻게 활용되는지를 살펴봅니다.

미리 알면 좋아요

포물선 평면 위의 한 점과 이 점을 지나지 않는 어떤 직선이 있을 때, 점과 직선으로부터 같은 거리에 있는 점들의 모임을 말합니다.

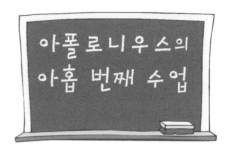

지난 시간까지 우리는 포물선이 무엇인지 배우고, 포물선을 어떻게 그릴 수 있는지, 그리고 그것이 왜 포물선이 되는지를 증명해 보았습니다. 그렇다면 우리 생활 속에서 포물선은 어떻게 이용될까요? 먼저 다음 이야기를 함께 읽어 봅시다.

고대 그리스의 식민지 중에는 시라쿠사라는 작은 도시 국가가 있었습니다. 이 나라는 유명한 수학자이자 과학자인 아르키메데스가 살았던 곳으로 끝까지 로마군에 대항하여 싸웠던 것으로 유명합니다.

비록 시라쿠사가 결국에는 로마군에 점령되었지만, 그 작은 나라가 마지막까지 버틸 수 있었던 것은 바로 아르키메데스가 만든 '죽음의 광선'이라 불리 우는 포물면 거울 때문이었다고 합니다.

아르키메데스는 이 거울을 이용하여 적들의 배를 불 질렀다고 합니다. 물론 직접 불을 이용하거나 폭탄과 같은 다른 장치들은 사용하지 않고 오직 거울 하나로 말이에요.

아폴로니우스가 들려주는 이차곡선 1 이야기

어떻게 이것이 가능했을까요? 이것은 포물선이 갖는 특별한 성질 때문입니다.

첫째로, 포물선의 축과 평행하게 들어온 빛이나 전파는 포물선에 부딪히고 난 후 반사되어 초점에 모이는 성질이 있습니다.

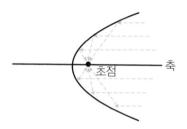

아르키메데스가 포물면 모양으로 거울을 만들어서 그 거울만으로 적군의 배를 불태울 수 있었던 것도 바로 이런 포물선의 성질을 이용한 것입니다. 포물면 거울을 잘 조절하여 적들의 배가 초점에 오도록 하면, 태양 광선들이 초점에 모두 모이므로 초점 부분의 에너지는 배를 불태울 정도로 아주 강력하게 되는 것입니다.

최근에 외국의 어느 TV 프로그램에서 실제로 아르키메데스의 포물면 거울을 제작하여 과연 가능한 이야기인지 실험했다고 합니다. 실험 결과, 첫 번째 시도는 완전히 실패했고, 두 번째 시도에서는 배에 불이 붙기는 했으나 아주 조금 붙다가 말았다고 합니다. 배를 불태울 정도로 큰 불은 아니었다는 것이지요.

그 프로그램에서는 이 이야기는 불가능하다고 결론을 내렸습니다. 이론상으로는 가능하지만 실제로는 변수들이 너무 많기 때문에 불가능하다고 말입니다.

어쨌든 이런 아르키메데스의 아이디어는 점점 발전되어 세계 2차 대전 때 독일군들이 무기를 연구하는 과정에 이용되었고, 현재도 암암리에 연구되고 있다고 합니다. 이렇게 훌륭한 생각이 무기를 만드는 데 이용된다는 것이 좀 안타깝지요?

하지만 포물선의 이런 성질들이 무기를 만드는 일에만 이용되는 것은 아니랍니다. 우리 생활 곳곳에서도 아주 유용하게 이용되고 있습니다.

먼저 포물면은 태양열 발전소에서 이용됩니다. 요즈음 화석 에너지가 점점 고갈되어 가면서 대체 에너지 개발에 온 세계가 힘을 쏟고 있습니다. 그 중에서도 가장 큰 관심을 끄는 것은 태양열입니다.

태양열 발전소에서는 태양열을 한곳에 모아서 그 밀도를 높인 다음 여기에서 발생하는 에너지를 우리가 사용하고자 하는 에너

아폴로니우스가 들려주는 이차곡선 1 이야기

지로 변화시킵니다. 여기에서 태양열을 한곳에 모으는 역할을 하는 집광기가 바로 포물면의 형태를 하고 있습니다.

포물면인 집광기의 축과 평행하게 들어오는 태양 광선은 모두 포물면의 초점에 모이게 되는데 이때 발생하는 열은 3천 800도 이상이라고 합니다. 에너지의 양이 어마어마하지요? 집광기, 다시 말해 포물면의 초점에는 이런 에너지를 모으는 장치가 있고, 이런 에너지를 수송하는 장치도 연결되어 있다고 합니다.

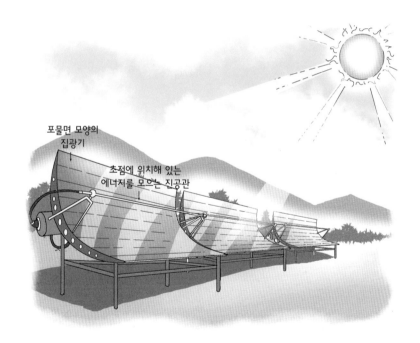

포물면 모양의
집광기

초점에 위치해 있는
에너지를 모으는 진공관

그리고 여러분이 보아왔던 파라볼라 안테나도 이런 성질을 이용한 것입니다. 이름에서 볼 수 있듯이 이 안테나는 포물면으로 되어 있어서, 축과 평행하게 들어오는 전파는 모두 초점에 모이게 됩니다. 아무리 약한 전파라도 축과 평행하게 들어오기만 한다면 모두 초점에 모이기 때문에 결국엔 강한 전파가 됩니다. 우리가 집에서 지구 반대편에서 일어나는 일을 생생하게 TV로 볼 수 있는 것은 바로 안테나가 이런 포물선 모양이기에 가능한 것입니다.

아폴로니우스가 들려주는 이차곡선 1 이야기

포물선의 두 번째 성질로는 초점에서 나간 빛이나 전파는 포물선에 부딪히고 난 후 반사되어 축과 평행하게 나간다는 것입니다.

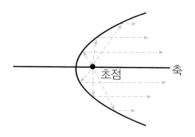

이런 성질을 이용한 것에는 앞에서 말한 파라볼라 안테나가 있습니다. 앞에서는 안테나의 포물면이 전파를 수신 받을 때 약한 전파를 강하게 만드는 역할을 했다면, 전파를 보낼 때의 포물면은 전파를 멀리 보내는 역할을 합니다. 즉 초점에서 전파를 쏘면 그 전파들은 안테나 면에 부딪혀서 축과 평행하게 나가게 되고, 이렇게 평행하게 나가는 전파는 비스듬히 나가는 전파보다 더 멀리 도달하게 됩니다.

그리고 손전등이나 자동차의 헤드라이트도 이런 성질을 이용한 것입니다. 손전등이나 헤드라이트의 불빛이 멀리까지 비출 수 있는 이유는 바로 반사경이 포물면 형태이기 때문입니다. 손전등이나 헤드라이트의 전구는 포물면의 초점에 위치해 있고, 이 전구에서 나오는 빛은 포물면에 부딪혀 축과 평행하게 나가게 되기 때문에 멀리까지 비출 수 있는 것입니다.

만약 전구가 초점에 위치해 있지 않고 약간 치우쳐 있다면, 전구에서 나온 빛은 포물면에 부딪혀 이곳저곳으로 흩어집니다. 다시 말하면 평행 광선으로 나가지 않기 때문에, 바로 앞까지만 비출 수 있습니다.

아폴로니우스가 들려주는 이차곡선 1 이야기

원에 못지않게 포물선도 우리 생활에서 아주 많이 이용되고 또 중요한 역할을 하고 있지요? 이렇게 수학은 우리 생활과 떼어서 생각할 수 없는 존재입니다. 그러니까 여러분, 수학을 열심히 공부해야 한다는 사실! 명심, 또 명심하세요.

⠂⠂아홉 번째
수업 정리

❶ 포물선의 축과 평행하게 들어온 빛이나 전파는 포물선에 부딪히고 난 후 반사되어 초점에 모이는 성질이 있습니다.

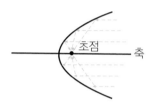

❷ 포물선의 초점에서 나간 빛이나 전파는 포물선에 부딪히고 난 후 반사되어 축과 평행하게 나갑니다.

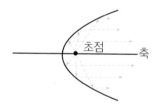

❸ 포물선의 이런 성질들을 이용하여 태양력 발전소, 파라볼라 안테나, 손전등, 자동차 헤드라이트 등 생활의 여러 곳에서 활용됩니다.